本书得到内蒙古自治区
"草原英才"工程青年创新人才培养计划（Q2022058）的资助

网络社会排斥
对网络攻击的
影响机制

THE MECHANISM OF CYBER
OSTRACISM ON ONLINE AGGRESSION

金童林　著

社会科学文献出版社
SOCIAL SCIENCES ACADEMIC PRESS (CHINA)

序

《网络社会排斥对网络攻击的影响机制》一书是金童林博士勤勉奋斗之作。作为他的博士生导师，看到他在社会认知与社会性发展领域孜孜不倦地探索和取得的成果，我由衷地感到高兴。2018 年，金童林考入内蒙古师范大学教育科学学院（现为心理学院）攻读博士学位，结合当时互联网飞速发展的实际，我和他反复讨论和分析，确定了将网络攻击这一前沿课题作为其博士学位论文研究主题。经过多年的沉淀和实践，他取得了丰硕的研究成果，本书也是他多年研究积淀的成果之一。

当前，大数据时代已经到来，互联网的普及率已连续多年保持增长态势，由此也引发了诸多问题与挑战。特别是，大学生网络攻击的发生率逐年攀升，这不仅对网络安全构成威胁，同时影响着大学生的心理健康。然而，目前对于大学生网络攻击的心理机制、发展规律以及相关理论探索仍存在不足，尤其是缺乏对大学生网络攻击及其影响因素动态考察的研究。因此，本书采用实验研究和追踪研究的方法，深入探讨了网络社会排斥对大学生网络攻击影响的心理过程。从研究内容来看，本书实现了理论与实践的深度融合；从研究方法来看，实验研究与问卷调查互相补充；从篇章布局来看，机理探讨与实际应用相得益彰。

本书较好地体现了金童林博士在学术研究上的创新。其一，创新性地设计了网络聊天实验范式，较好地还原了网络的情境，具有较高的生态性，也为以后的研究提供了科学范式；其二，创新性地提出了内隐网络攻击性，并进行了概念界定、量表开发，以及影响因素研究，为未来内隐网络攻击性理论的探索提供了量化支持；其三，创新性地提出了刺激-催化的理论模型，为解释个体网络攻击的发生机制提供了理论依据。本书不仅对于强化大学生网络安全教育具有重要指导意义，而且对于维护大学生心理健康、减轻大学生心理压力具有扎根性的实践意义。

学术追求永无止境。我希望金童林博士在未来的学术生涯中，能继续深耕社会认知与社会性发展领域，期待他分享更多前沿的理论和实践成果，更好地为国家和内蒙古自治区经济社会发展服务。

2024 年 5 月 1 日

目　录

引　言

随着信息技术的迅猛发展，互联网已在大学生群体中得到了普及，大学生也成为互联网使用的主力军。中国互联网络发展状况第 46 次调查显示，截至 2020 年 6 月，我国总体网民达到了 9.40 亿人，互联网的普及率达到了 67.0%，其中，使用手机上网的比例达到了 99.2%，使用电视上网的比例达到了 28.6%，使用各类计算机上网的比例在 27.5%～37.3%。调查显示，我国网民的人均每周上网时长达 28.0 小时，学历水平是大学及专科以上的比例达到了 18.8%，约 1.77 亿人，以大学生为主的学生群体占23.7%，约 2.23 亿人（中国互联网络信息中心，2020）。互联网的飞速发展给大学生的学习和生活带来各种便捷的同时，也带给大学生不容小觑的负面影响，网络攻击就是其中的典型之一（金童林，2018）。

按照网络攻击的形式，大学生网络攻击可以分为外显网络攻击行为和内隐网络攻击性，外显网络攻击行为又称为网络攻击行为，主要指个体在使用互联网的过程中对他人实施的攻击行为，内隐网络攻击性主要考察个体在使用网络过程中产生的无意识的攻击性的倾向。国内的研究表明，大学生网络攻击行为的总体发生率为 59.47%，其中，工具性攻击行为的发生率为 47.11%，反应性攻击行为的发生率为 40.41%（金童林，2018）。国外的一些研究表明，青少年网络攻击的发生率在 5.3%～66.2%，网络受欺负的发生率在 1.9%～84.0%，居高不下的网络攻击行为的发生率导致大学生出现各类非适应性心理或生理问题（Camerini et al.，2020）。因此，考察大学生网络攻击的原因机制是当下网络心理学研究的重点课题。

网络社会排斥是近两年随着互联网的发展而出现的新心理现象，是指在非面对面的网络虚拟互动交流的过程中，个体在可接受的时间范围内没有得到对方所预期的回复、交流或认可，从而导致个体出现负性情绪的现象。网络社会排斥的形式主要有网络个体聊天排斥、网络群体聊天排斥及网络个人空间排斥三种形式（童媛添，2015）。按照网络互动理论的观点，大学生网络攻击产生的原因是互动双方在网络交流的过程中，由于极度缺乏身体交流、面部信息等主要的辅助线索，个体的心理亲近感被破坏，出现网络排斥体验，进而诱发大学生出现内隐网络攻击性，甚至诱发网络攻击行为的现象（程莹等，2014；Karlen & Daniels，2011）。也就是说，网络社会排斥是导致大学生出现网络攻击行为或内隐网络攻击性的直接原因之一。按照立方体（I^3）理论的观点，大学生网络攻击的产生与刺激、驱力及抑制因素有关（Finkel，2007、2014；Finkel & Slotter，2009）。大学生遭受的网络社会排斥是网络攻击出现的刺激因素，而道德推脱则是驱力因素。道德推脱是指个体在日常生活中出现不道德行为时为自己开脱罪责的心理倾向（Bandura，1986、1990、1999、2002；Bandura et al.，1996a、1996b）。刺激因素可以诱发驱力，即影响大学生的道德推脱水平，促使大学生道德推脱水平升高，道德控制感降低，行动能力增强，从而导致大学生出现网络攻击行为或内隐网络攻击性。以往的横断研究表明，网络社会排斥、道德推脱均是大学生网络攻击行为出现的主要原因（金童林等，2017b；金童林等，2019a）。此外，以往解释网络攻击的理论较为欠缺，主要借助攻击行为的理论、犯罪行为的理论等，这些理论虽然能解释网络攻击出现的前因，却无法揭示其产生的本质或后效。鉴于此，本研究拟通过一系列的研究，构建出一个可以解释个体网络攻击产生的理论，从而为未来网络攻击的相关研究提供理论借鉴。

因此，本研究主要通过实验法和纵向设计考察网络社会排斥、道德推脱及大学生网络攻击间的关系机制。具体来讲，主要包括两个方面的内容：一方面，旨在通过实验法，考察网络社会排斥、道德推脱及大学生网络攻击间的因果关系模式；另一方面，旨在通过纵向设计，考察网络社会排斥、道德推脱及大学生网络攻击的变化规律，以及各变量的发展趋势和共变模式，以期揭示网络社会排斥对大学生网络攻击影响的长时机制。最后，本研究将结合实验研究和纵向研究的相关结果，提炼出一个可以解释个体网络攻击产生机制的理论模型。

第一章　文献综述与问题提出

第一节　网络社会排斥

一　网络社会排斥的内涵

网络社会排斥是现实社会排斥的特殊形式，是现实社会排斥在虚拟的网络环境中的具体延伸（孙晓军等，2017）。现实社会排斥是指个体被某一团体、组织或他人所拒绝，进而导致个体的归属需求及关系需要被严重阻碍的现象，从而引发个体产生一系列负性情绪体验的过程，其表现形式主要包括拒绝、忽视、孤立、无视等（程苏等，2011；杜建政、夏冰丽，2008），研究范式包括拒绝范式、放逐范式、孤独终老范式、回忆范式、相互认识范式、启动范式、想象范式和凝视范式等（程苏等，2011；杨晓莉等，2019）。影响大学生现实社会排斥产生的原因主要有主体因素、环境因素和客体因素（张桂平、王茹，2016）。主体因素包括个性特征（如自私、偏执等）、品德修养（如虚伪、撒谎、傲慢等）及行为习惯（如生活方式、卫生习惯等）；环境因素包括家庭因素（如贫困、家庭变故等）和学校环境（如人际竞争、高校政治性等）；客体因素包括教师行为（如教师功利性等）和同学行为（如嫉妒、偏见等）。研究表明，社会排斥可能不是由于完全缺乏社会互动而表现出来的，而是个体没有受到期望反馈时才发生的（Hayes et al.，2018）。

相应地，网络社会排斥是指在非面对面的网络虚拟互动交流的过程中，个体在可接受的时间范围内没有得到对方所预期的回复、交流或认可，从而导致个体出现负性情绪的现象（童媛添，2015）。与现实社会排斥所不同的是，网络社会排斥的发生载体范围较广，比如聊天室、邮件、社交网站，甚至在线的网络游戏等（孙晓军等，2017；Williams，2007；Williams et al.，2000）。网络社会排斥至少具有现实社会排斥的三种隐含特点（张桂平、王茹，2016）。其一，发生在特定场所。特定场所主要在虚拟的网络社交环境中。其二，人际排斥行为。网络社会排斥是一种人与人之间的单方面拒绝行为，但并不包括肢体冲突，是一种典型的精神暴力。其三，网络社会排斥是一种典型的主观感受和心理体验。影响网络社会排斥产生的外界因素主要包括媒介的传输速率、社会线索的缺失及网络的匿名性特点（童媛添，2015）。相关研究表明，大学生网络社会排斥的形式主要有网络个体聊天排斥、网络群体聊天排斥及网络个人空间排斥，其中，网络群体聊天的排斥发生率最高（童媛添，2015）。

二 网络社会排斥的理论

（一）网络互动理论

网络互动理论是由程莹及其合作者（2014）基于网络接近性理论、网络去个性化理论等观点提出的解释网络社会排斥现象的新学说。网络互动是指个体通过在线社交的方式与他人进行互动的过程，以移动电话、网络短信、网络聊天等模式为主（Walther et al.，2010）。随着网络互动形式的增加，网络社会排斥现象也日益增多（Kassner et al.，2012）。按照网络互动理论的观点，个体在网络互动的过程中，存在一定的心理亲近感，即个体对所互动的个体有着自然的亲近倾向（Walther & Bazarova，2008）。但有时候网络出现各类技术故障，网络交流信息的反馈不及时，导致双方的互动不顺畅，心理亲近感被破坏，进而诱发个体出现网络排斥的心理体验；也有时候，个体会因为网络技术故障等原因出现"疑似排斥"的现象，即由于互动双方在沟通过程中出现了错误的排斥感知，进而出现疑似排斥现象，这同样会造成个体出现排斥体验（程莹等，2014；Karlen & Daniels，2011）。

同时，网络匿名性的特点也会导致个体出现去个性化、自我控制能力降低，道德水平降低等现象（程莹等，2014），也会导致网络被排斥者出现更高的愤怒水平，进而导致个体出现网络攻击行为和反社会行为等。此外，由于网络匿名性的特点，互动双方在交流的过程中缺失了必要的面对面的信息（如表情、身份、交流情境等），这就导致互动双方对彼此的身份信息更为敏感（程莹等，2014；Walther et al.，2010）。在网络互动的过程中，个体很容易将对方的身份信息进行标签化，且将自己归属到某一群体中，对于互动的对方则首要判断其属于内群体成员还是外群体成员。对于内群体成员，个体很容易出现内群体偏好效应；对于外群体成员，内群体成员会出现对其的污名化、刻板印象及偏见等，加剧外群体成员的被排斥的体验，进而诱发各种心理生理问题（Postmes et al.，2002）。研究表明，对于内群体成员，个体通常将同一特性加在对方身上，忽略了个体本身的人格特征，而对于外群体成员，由于与内群体成员有着不同的特性，更容易被排斥（程莹等，2014；翟成蹊等，2010）。

（二）需要-威胁时间模型

需要-威胁时间模型是由 Willams（2009）提出的，理论的核心拓展了个体遭受排斥后的心理变化过程及对行为的影响。按照需要-威胁时间模型的观点，个体遭受社会排斥以后会经历三个阶段，即反射阶段、反思阶段和退避阶段（Willams，1997；2007；2009）。

首先，在反射阶段，个体遭受社会排斥后会直接损害其基本心理需要，包括归属感、控制感、自尊水平及有意义的存在感等（彭苏浩等，2019；Willams，2009）。第一阶段的损害类似于本能，情境因素和个体差异几乎对被排斥者不起任何作用（杨晓莉、魏丽，2017），在这一阶段中，个体身体内部具有一种排斥的侦查机制，即使微弱的排斥信息也会被监测到，进而反馈给大脑进行注意（程苏等，2011），这一阶段个体也会体验到各类负性情绪体验，个体的积极情绪体验也随之减少，基本心理需要满足受阻（Willams，2009）。

其次，经过本能的反射阶段之后，个体便进入第二阶段——反思阶段。反思阶段是对反射阶段遭受排斥的原因和重要性的综合评估的阶段。当个体的排斥侦察机制将排斥信息反馈给大脑时，大脑会判断是何种需要受阻，进而选择不同的行为或者情绪反应进行应对。比如，当大脑判定是归属需要或者自尊需要受损害时，个体会更加关注具有社会接纳的信息，有时候个体为了迎合他人的接受，甚至出现社会奴性（程苏等，2011；Willams，2009）；当大脑判定是控制感或者有意义的存在感受到损害时，个体的攻击行为会增加。在这个阶段，个体对排斥反应的回复速度由个体差异和环境因素所决定（杨晓莉、魏丽，2017；Willams，2009）。最近的研究发现，在该阶段，个体会通过各种努力摆脱被排斥的状态，比如出现亲社会行为、反社会行为、退缩行为、寻求独处等（彭苏浩等，2019；Ren et al.，2018）。

最后，进入退避阶段。退避阶段的前提是个体遭受长时间的社会排斥。长时间遭受社会排斥会使个体的应对资源出现枯竭，对于社会关系的破损已无法修复，也无法通过第二阶段的亲社会行为、反社会行为及退缩行为等进行人际关系的重构，这进一步导致个体出现抑郁、疏远、无助、无价值感，甚至出现习得性无助现象，加剧了个体排斥体验的程度（彭苏浩等，2019；Ren et al.，2018；Starr & Davila，2008）。

（三）情绪麻木学说

情绪麻木学说由 Baumeister 等（2002；2007）提出。按照该学说的观点，社会排斥会导致个体的情绪出现麻木状态，包括生理麻木和心理麻木（程苏等，2011；Twenge et al.，2007）。情绪麻木状态就好像情绪系统失去效能一样，从而使外界的各种消极事件轻松地对个体产生不良影响。个体的认知系统却没有任何能力来阻抗大脑对这些消极事件的反刍加工，以至于个体对消极事件带来的影响产生错误的评估，并最终引发个体出现消极的非适应性行为。比如：社会排斥可以破坏共情系统，这就间接导致个体亲社会行为减少，攻击性增强，生理麻木降低等严重后果（程苏等，2011；Twenge et al.，2007）。

三　网络社会排斥的相关研究

网络社会排斥的研究方法主要采用问卷法，也有少量的研究采用实验法，群体主要集中于大学生、青少年和成人群体等。网络社会排斥的研究范式主要包括网络掷球范式（Cyberball）、O-cam 范式、网络在线排斥范式、想象范式及回忆范式等（程苏等，2011；杨晓莉等，2019；Wolf et al.，2015）。

基于大学生群体的研究发现，当遭受网络社会排斥的大学生被告知被排斥是有害的时，与同龄人相比，他们表现出更高水平的攻击性；当被告知被排斥可以帮助他人成长发展时，大学生的攻击性水平则会显著下降，这表明在网络环境下，遭受网络社会排斥后的认知过程会影响不同排斥后的行为及情绪反应（Poon & Chen，2016）。一项实验研究发现，在社会拒绝的过程中，大学生对威胁信息的注意偏向的诱导会导致焦虑水平的增加（Heeren et al.，2012）。一项横断研究表明，大学生抑郁的出现受两个方面的影响，一方面，现实社会排斥可以通过自我控制影响大学生抑郁；另一方面，网络社会排斥也可以通过自我控制影响大学生抑郁（孙晓军等，2017）。一项针对大学生网络社会排斥出现的原因的研究发现，网络进入困难、不安全性、文化混乱均是大学生网络社会排斥出现的主要原因，它们对网络社会排斥均具有显著的正向预测作用（Bardakci，2018）。此外，也有研究表明，社交网站的不可访问性极大地增加了社会排斥给大学生带来的痛苦，且有信息的社交网站可以中和与社会排斥有关的痛苦知觉，而无信息的社交网站会增加与社会排斥有关的痛苦知觉（Chiou et al.，2015）。当大学生遭受网络社会排斥时，会产生两个方面的影响，一方面，网络社会排斥会通过网络疏离感导致大学生出现抑郁现象；另一方面，网络社会排斥会通过增加现实疏离感而间接导致网络攻击行为和传统攻击行为的出现，也就是说，网络社会排斥是大学生抑郁、传统攻击行为及网络攻击行为出现的本质原因（金童林等，2019a；金童林等，2019c）。

基于青少年的群体研究发现，遭受网络社会排斥的青少年的抑郁水平显著升高，网络社会排斥可以显著预测青少年抑郁，且这一过程受到乐观的调节，在低乐观水平下，这一预测作用更强（Niu et al.，2018）。基于成人群体的研究发现，在网络排斥的条件下，成人会体验到更多的灾难性情绪（Covert & Stefanone，2020）。此外，对特殊儿童（如 ADHD 儿童）群体的研究表明，父母压力的增加有可能增加 ADHD 儿童被排斥的概率，且父母关于 ADHD 知识的增加会减少 ADHD 儿童被排斥或被欺负的概率（Taylor et al.，2020）。网络社会排斥对成人归属感、自尊、存在意义感均有负面影响（Schneider et al.，2017）。基于青少年和成人群体的研究发现，网络社会排斥对儿童的影响不同于青少年和成人群体，与较大年龄的成人相比，在 8~9 岁的儿童中间，网络社会排斥威胁到的自尊需要更加强烈，在 13~14 岁的青少年群体中，网络社会排斥主要影响归属需求（Abrams et al.，2011）。此外，成人群体感受到的社会排斥可以显著正向预测睡眠质量和认知唤醒，认知唤醒在社会排斥与睡眠质量之间起部分中介作用（Waldeck et al.，2020）。

基于网络心理学的研究表明，大学生对社交媒体排斥的感受更消极，对社交媒体包容感受更积极，尽管大、中、小学生都认为社会排斥的心理是痛苦的，但那些特别依赖在线社交媒体的大学生对网络社会排斥更敏感（Smith et al.，2017）。基于女青少年群体的研究表明，女青少年社会排斥与网络成瘾无显著相关（Bagir et al.，2020）。同时，一项网络掷球实验表明，微信的使用可以补偿大学生被排斥后出现的基本心理需求，且呈现"爱奇艺"图标更能激发大学生社会交往的意愿（胡维等，2017）。相关研究表明，大学生在遭受网络欺负后，很容易出现社会排斥现象，进而出现负性情绪，从而在这些因素的诱发下出现自伤行为，社会排斥和负性情绪在网络受欺负与大学生自伤行为之间起链式中介作用，且网络受欺负也直接通过负性情绪影响大学生自伤行为（陈红等，2020）。此外，社会排斥也直接影响大学生网络偏差行为，这一方面通过自我控制的中介作用，另一方面通过社交焦虑的中介作用，且道德同一性、网络消极情绪体验分别起到调节作用（王辰等，2020；朱黎君等，2020）。

第二节　网络攻击

一　网络攻击的内涵

网络攻击是外显网络攻击行为和内隐网络攻击性的总称。外显网络攻击行为（简称网络攻击行为，本研究用此简称），是指个体以特定的网络平台（如互联网、手机网络等）、网络媒体（如微信、QQ、飞信等）对他人实施的有目的性的伤害，且这种伤害是受害者极力想避免的（赵峰、高文斌，2012）。网络攻击行为是传统攻击行为在网络环境中的衍生，也是传统攻击行为在网络环境中的进化形式（金童林等，2017b；Nadia & Ansary，2020；Wong-Loa et al.，2011）。网络攻击行为具有四个特点。其一，目的性特点。网络环境中的个体可能随时受到伤害，随时被攻击。站在受害者的角度而言，网络受害的个体遭受的网络攻击可能没有目的性，但网络攻击行为的发出者一般具有目的性，他们可能出于报复而攻击他人，也可能出于获得某种利益而攻击他人，抑或出于其他攻击性动机而攻击他人。其二，不平衡性特点。传统攻击行为一般是以占据身体优势对他人进行攻击，而网络攻击行为不受这一条件的限制。比如：网络攻击行为的发出者可以是小学生，受害者可能是身强力壮的中年人，也可以反过来。因此，网络攻击者与网络被攻击者的身体力量完全可以不平衡。其三，强伤害性特点。网络攻击行为不同于传统攻击行为最大的一个特点就是，网络攻击行为是可重复的。个体可以在不同的时间或者空间内遭受同一种网络攻击，这对个体造成的心理伤害是巨大的。其四，匿名性特点。网络攻击行为的发出者通常是匿名的。他们的身份是可以随时互换的，被攻击者不会知道攻击者真正的身份，这也就助长了网络攻击行为并使其形式多变（胡阳、范翠英，2013；Grigg，2010；Pyżalski & Jacek，2012）。

网络攻击的内隐层面主要指内隐网络攻击性，其是随着互联网信息技术的发展而出现的新心理现象，也是本研究首次提出的新心理量。借助内隐攻击性的特点，本研究认为，内隐网络攻击性是个体内隐攻击性在网络环境中的衍生，是内隐攻击性的特殊形式。内隐网络攻击性是指个体在使用网络的过程中，由于被动地接触网络中的消极刺激而在无意识的状态下产生的对他人具有攻击性的心理特性。这种无意识的攻击性的心理特性会进一步影响外显攻击行为的表达，同时也会影响个体的知觉、情绪状态、行为决策及反应等（周颖，2007）。本研究根据以往内隐攻击性的研究范式和研究思路，进一步对个体的内隐网络攻击性及相关因素进行更深入的研究。相比于传统的内隐攻击性，内隐网络攻击性有两个方面的特点：一方面，个体的内隐网络攻击性是由于网络中的攻击性刺激诱发的，现实生活中攻击性刺激的诱发并不属于内隐网络攻击性的研究范畴；另一方面，个体内隐网络攻击性属于潜意识层面的内容，不会上升到意识层面。个体不会意识到这种心理倾向，但会进一步影响认知、情感和行为的变化。

二 网络攻击的理论

（一）一般学习模型

一般学习模型是由 Anderson 等提出的，在此之前，Anderson 提出了系统且完整解释个体攻击行为的一般攻击模型（General Aggression Model，GAM），GAM 认为，个体攻击行为的产生由个体的内在因素和社会环境因素共同决定（Anderson & Bushman，2002）。后来，Anderson 考虑到个体接触媒体暴力后，也会产生攻击行为。基于此，其又提出了一般学习模型（General Learning Model，GLM）。按照 GLM 的观点，个体接触媒体暴力会产生两种效应：一种是短时效应，即个体短时间内接触暴力线索后，会诱发个体产生攻击性趋势或攻击性倾向，甚至攻击行为；另一种是长时效应，即个体经常接触暴力线索，这会导致个体产生学习效应，随之会导致个体的人格特质向攻击性特质转化，对暴力形成脱敏，最终导致个体经常且重复性地出现攻击行为。也就是说，只要个体接触到攻击性线索刺激，这不仅能在短时间内改变个体的认知和情绪状态，而且在长时间内会导致个体人格特质的改变，进而出现各类攻击行为（刘元等，2011；魏华等，2010；Anderson & Bushman，2001；Anderson & Dill，1986、2000）。此外，

GLM 还强调了个体当前的内部状态（如认知、情感、生理唤醒等）、评价决策过程及人格等因素对攻击行为诱发的辅助性作用（Bushman & Huesmann, 2006）。与一般攻击模型不同的是，GLM 不仅可以预测和反映个体攻击行为出现的心理机制，而且对其他的偏差行为也具有指导作用，从而系统完整地形成了一个宏大且强有力的攻击行为的解释理论（吴晓燕等，2012）。

（二）双自我意识理论

双自我意识理论是从个体的意识层面对网络攻击行为产生的原因进行解释。双自我意识理论将个体的意识分为两种，即私我意识和公我意识（Carver & Scheier, 1987; Fenigstein et al., 1975）。私我意识个体的典型特点是自我中心，这类个体在使用网络的过程中只注重自己心理的满足，从来不关心别人的体验，他们缺乏共情和换位思考的能力，有时候会为了满足自身的畸形需求而带给他人不愉快的情绪体验，也会轻易地对他人实施网络攻击行为。公我意识个体的典型特点是道德素质较高，有着较强的共情能力，能同时站在自己的角度和对方的角度考虑问题，不轻易造成他人不愉快的心理体验，因而不可能对他人实施网络攻击行为（金童林等，2016；李冬梅等，2008；Kiesler, 1984）。每个个体都具有这两种意识，且这两种意识水平的成分并不是一成不变的，它们随着外界环境及内部认知状态的变化而变化，但有一个成分是起着主导性作用的。因此，他们在使用网络的过程中，也会表现出不同的行为方式。私我意识水平升高时，个体极易出现网络攻击行为，公我意识水平升高时，则会抑制网络攻击行为的出现（李冬梅等，2008；Kiesler, 1984）。双自我意识理论是从个体的道德意识层面对网络攻击行为进行解释的理论，但并没有考虑到环境因素，这削弱了理论的适用性价值。

（三）立方体（I^3）理论

立方体（I^3）理论对于个体攻击行为的解释塑造了一个三维立体的解释框架（Finkel, 2014; Slotter & Finkel, 2011）。该理论通过融合一些风险因素为攻击行为的解释建构了一个概念框架，并特别强调了各类风险因素的交互作用。I³ 理论认为，个体攻击行为的产生与三个稳定的因素有关。其一，刺激因素。刺激是指可以煽动或者激起个体产生攻击倾向性或攻击行为的线索或场景，比如来自他人的挑衅等。其二，驱力因素。驱力是会增加个体采取攻击手段可能性的，比如个体的攻击性特质等。其三，抑制因素。抑制是指能增加个体克服攻击冲动的可能性，进而削弱攻击力量，如个体的自我控制等。这三种因素在概念上虽然是相互独立的，但在攻击行为的产生过程中密不可分（Finkel，2007、2014；Finkel & Slotter，2009）。

当个体在攻击性的刺激因素下，并受到强大的驱动力量时，个体即使出现抑制攻击的力量，依然会经历较高的侵略风险。也就是说，刺激因素和驱动因素是攻击行为产生的促进力量，而抑制因素是削弱攻击行为产生的力量。这三种力量相互之间会产生复杂的交互作用，进而诱发个体出现攻击行为，也就是说，个体攻击行为的产生是这三种力量的不平衡关系导致的（Finkel & Campbell，2001；Finkel et al.，2012）。一些实证研究也证明了该理论：比如，一项针对大学生网络欺负的产生机制进行了研究，研究者将网络受欺负作为攻击行为出现的刺激因素，将感受到的网络去抑制作为驱力因素，将自我控制作为抑制因素，经过多重的交互性检验，发现刺激因素和驱力因素都可以显著正向预测大学生网络欺负，而交互作用可以显著地负向预测大学生网络欺负。这就通过实证研究证明了刺激因素和驱动因素能促使个体出现攻击行为，而抑制因素可以抑制攻击行为（Wong et al.，2017）。I³ 理论从个体认知的角度对攻击行为进行解释，但其复杂的交互作用是如何影响个体的攻击行为的，该理论并没有梳理清楚，虽然理论的提出者进行了各种交互作用的检验，但事实上，这依然是一种数据驱动式的检验，并无法揭示这三种力量真正的相互作用机制。

（四）Barlett Gentile 理论

Barlett Gentile 理论是由 Barlett 和 Gentile（2012）经过对网络欺负的反复研究提出的，简称 BGCM 理论。该理论是从社会学习理论衍生而来，强调了个体的学习经验过程是网络欺负形成的主要原因。当个体在线习得了如何攻击他人的行为方式时，他就会在平常使用网络的过程中对他人实施攻击行为（Barlett & Coyne, 2014；Barlett et al., 2014）。BGCM 理论强调了网络的匿名性为网络攻击的产生提供了先天的条件，并认为与身体相关的资源（如高矮、胖瘦等）在网络攻击过程中是不起作用的，也与网络攻击没有直接的关系（Barlett et al., 2016）。同时，BGCM 理论认为持续性地学习网络攻击的图式和信念会促使个体形成网络攻击的积极态度，而网络攻击的积极态度是个体网络攻击出现的先决条件（Barlett, 2015）。后来，研究者通过一项追踪研究证明了理论的假设，为 BGCM 理论提供了实证依据（Barlett et al., 2017）。

三 网络攻击的相关研究

近年来，网络攻击行为的研究是网络心理学研究的热点课题。网络攻击行为的研究是以横断的问卷调查为主，也有少量的追踪研究。目前内隐网络攻击性的研究没有成熟的研究工具，所以对其的研究有些滞后。因此，本书对于网络攻击的研究主要分两部分阐述，一是关于内隐攻击性的相关研究，二是关于网络攻击行为的相关研究。

（一）内隐攻击性相关研究

内隐攻击性的研究主要采用内隐联想测验法、词干补笔测验、汉字材料启动（叶茂林，2001），以及条件推理测验（Gadelrab, 2018）等。内隐攻击性的研究大部分与暴力、攻击、负性情绪及人格有关。

研究表明，暴力视频游戏对大学生内隐攻击性有着积极的影响，大学生在接触暴力视频游戏后，其对于内隐攻击性有着积极的评价（李东阳，2012），且对于长时间接触暴力视频游戏的个体而言，其内隐攻击性的程度远高于没有接触暴力视频游戏的个体，在接触暴力视频游戏的群体中，其内隐攻击性具有显著的性别差异，男性得分远高于女性（陈美芬、陈舜蓬，2005；Bluemke et al., 2010）。对于女大学生来讲，短时间内接触暴力视频游戏，可以显著增加其内隐攻击性，暴力视频游戏对女大学生的影响不仅有着短时效应，而且还有长时效应（刘元等，2011；魏华等，2010），且来自伴侣的情绪虐待会提高女性的内隐攻击性水平，女性报告的内隐攻击性得分较高（lreland & Birch，2013）。青少年接触暴力视频游戏后，会增加其内隐攻击性，但内隐攻击性并无性别差异，且内隐攻击性和外显攻击性的相关程度很低（田甜，2008）。此外，当青少年长期接触网络暴力材料时，其内隐攻击性水平也会提高，身体暴力材料更容易启动男性的内隐攻击性，言语暴力材料更容易启动女性的内隐攻击性。无论是言语暴力材料还是身体暴力材料，青少年接触这类材料之后，其内隐攻击性水平均会升高（田媛等，2011a；田媛等，2011b；Zhang et al.，2013；Zumbach et al.，2015）。高现实暴力接触的个体的内隐攻击性水平显著高于非现实暴力接触的个体，且网络视频游戏对于低现实暴力接触的个体内隐攻击性的增强作用更显著（刘衍玲等，2016）。也有相关研究表明，当 4 个人组成游戏组时，低攻击特质的个体更具有内隐攻击性，被试的攻击行为会随着人数的增加而降低（Liu et al.，2014）。当内隐攻击性水平较高的个体对于行为后果缺乏考虑时，他们更能用恶意的创造性方式去伤害他人（Harris & Reiter-Palmon，2015）。

研究表明，个体的内隐攻击性与人格特质有关。基于大学生被试的研究发现，在挫折情境下，低心理弹性的大学生的内隐攻击性更强（王玉龙、钟振，2015），且这一效应对于留守儿童更显著（宋颖，2018）。大学生内隐攻击性与宽恕特质无关，但与悲观倾向有关，大学生越悲观，内隐攻击性越强，且与乐观倾向的大学生之间存在显著差异（李丹，2017；谢蒙蒙，2016），大学生内隐攻击性水平的高低与人际关系的亲密度没有直接的关联（Zhang，Zhang，& Qiang，2015）。另外，青少年内隐攻击性与道德推脱水平有关系，道德辩护对青少年内隐攻击性具有显著的正向预测作用，且受到社会赞许性的负向调节（张迎迎，2018）。相关研究表明，大学生在不同类型注意偏向中的内隐攻击性水平并不会随着图片的不同情绪效价的变化而变化（Zhang & Zhang，2015），然而，在敌意状态下，大学生的内隐攻击性可以显著预测其外显攻击行为，而在非敌意状态下，内隐攻击性对外显攻击行为的预测作用不显著（Richetin et al.，2010）。此外，内隐联想测验是衡量大学生皮质醇变化水平强有力的预测因子，内隐联想测验也揭示了大学生创伤后认知的变化过程（Bluemke et al., 2017）。

相关研究表明，内隐攻击性与家庭环境等有关系。基于初中生群体的研究发现，父母教养方式可以显著预测初中生的内隐攻击性，且感觉寻求在父母教养方式与内隐攻击性之间起中介作用（刘同，2015）。在高外显攻击行为的初中生群体中，他们的自尊心会随着内隐攻击性的变化而变化，当自尊心水平升高时，其内隐攻击性水平会下降，而在低外显攻击行为的初中生群体中，自尊与内隐攻击性的关系不明显（戴春林等，2006）。对高职群体的研究发现，父亲严厉惩罚可以显著正向预测内隐攻击性，自尊在中间起中介作用（李储洋，2015）。研究同时表明，高中生内隐攻击性与良心有关系，良心与高中生内隐攻击性呈负相关，良心可以显著负向预测高中生内隐攻击性（林佩佩，2016）。此外，在社会排斥情境下，个体的内隐攻击性更强（郭冰冰，2014）。

基于对特殊群体的研究发现，未成年人存在内隐攻击性，内隐攻击性的产生可以追溯到儿童期，且基于对未成年在押犯的研究发现，未成年在押犯与成年在押犯的内隐攻击性不存在显著差异（赵亮等，2016；朱婵媚等，2006）。基于对农民工群体的研究表明，新生代农民工身份认同对内群体内隐攻击性有显著的负向影响，且受到内隐集体自尊的正向调节（张淑华、范洋洋，2018）。基于对暴力犯的研究表明，暴力犯的内隐攻击性水平显著高于正常群体，且暴力犯的内隐攻击性得分与外显攻击行为得分不相关（戴春林、孙晓玲，2007；云祥等，2009）。基于对体育专业大学生群体的研究发现，体育专业大学生的内隐攻击性水平显著高于普通专业大学生的内隐攻击性水平，但体育类大学生内隐攻击性不存在显著的性别差异（杨秀正，2014）。对于抑制内隐攻击性水平的相关研究发现，含有公益、助人信息的积极情境线索可以显著抑制运动员的内隐攻击性，而含有暴力攻击信息的消极线索可以显著提高运动员的内隐攻击性水平（章淑慧等，2012）。基于对员工群体的研究发现，员工的内隐攻击性可以显著预测其工作场所的反工作行为，还可以显著预测员工的工作态度，条件性自我控制在员工的内隐攻击性与工作场所的反工作行为间起显著的调节作用（Galić et al., 2018；Galić & Ružojčić, 2017）。基于对边缘型人格障碍群体的研究表明，患有边缘型人格障碍的女性具有更高内隐攻击性水平和自我概念水平，而男性内隐攻击性水平和自我概念水平则相对较低（Baumann et al.，2020）。

（二）网络攻击行为的相关研究

网络攻击行为的研究以横断研究为主，近年来，也出现了少量的追踪研究。已有的研究表明，由于网络攻击行为和网络欺负所测量的内容同属于相通的心理特质，故本研究不再对网络欺负和网络攻击行为进行分类阐述。因此，本书将网络攻击行为分为两类进行阐述，一是横断的有关研究，二是纵向的有关研究。

（1）网络攻击行为的横断研究

基于对初中生群体的研究发现，初中生网络攻击行为具有性别差异，自尊与初中生网络攻击行为呈负相关，与人际关系呈正相关，人际关系在自尊与网络攻击行为间起部分中介作用（施春华等，2017）；初中生同伴侵害对网络欺负具有预测作用，遭受同伴侵害后，初中生的负性情绪随之升高，然而，负性情绪在对网络欺负的影响过程中，却受到网络去抑制的调节（张雪晨等，2019）；实验表明，在匿名条件下，青少年的网络攻击行为频率更高，且低自我控制和缺少社会、朋友、家人支持的青少年，更容易出现网络攻击行为（王予宸，2018）。研究表明，初中生网络欺负的发生率为14.40%，暴力视频游戏的使用和道德推脱均可以导致初中生出现网络欺负（许路，2015）；一项对接触暴力视频游戏的初中生群体的研究发现，在接触暴力视频游戏初中生群体中的网络欺负的发生率更高，达到了60.80%，传统欺负的发生率为59.20%，暴力视频游戏接触通过情感移情和认知移情对青少年网络欺负产生影响（宋快，2016）。网络欺负中男生群体居多，且抑郁水平更高，网络欺负的出现也与愤怒水平有关，社会支持和父母控制等积极的心理能量可以缓解网络欺负（大竹阳一郎等，2018；胡阳等，2013；Antonia et al.，2015；Baldry et al.，2019；Hellfeldt et al.，2020；Xie & Xie，2019）。初中生亲子关系也会影响网络欺负及网络受欺负，且孤独感起中介作用（周含芳等，2019）；也有研究表明，82.77%的青少年至少遭受过一次网络欺负，57.21%的青少年至少对他人在网络上实施过一次网络欺负，网络欺负是青少年群体在使用网络的过程中最容易出现的网络偏差行为之一，以言语暴力和社会排斥为主，青少年出现网络欺负的原因也可能与不正常的攀比有关系，比如上行社会比较，下行社会比较等（陈启玉等，2016；刘志军、黎姿兰，2019）。基于对高中生群体的研究发现，父母冲突对高中生网络欺负有显著的正向影响，且道德推脱和道德认同起显著的中介作用，此外，道德认同还显著调节了道德推脱和网络欺负之间的预测关系（Yang et al.，2018）。对中国香港青少年群体的研究发现，11.90%的中国香港青少年有网络受欺负的经历，21.80%的中国香港青少年有自杀意念，58.00%的中国香港青少年有过网络欺负的经历，网络受欺负显著影响自杀意念，也会显著预测网络欺负（Chang et al.，2019）。

国外的研究表明，82.00%的以色列青少年遭受过网络欺负，25.20%的意大利青少年遭受过网络欺负，遭受过网络欺负的青少年抑郁水平和孤独水平均高于正常个体。与网络欺负关系最密切的是道德推脱和不合理信念，网络欺负及受欺负与自杀意念和压力知觉均有关（Heiman & Olenik-Shemesh，2016；Kowalski et al.，2014；Tanrikulu & Campbell，2015）。对西班牙青少年情侣群体的研究发现，68.30%的西班牙青少年情侣有过心理攻击，其中13%的西班牙青少年情侣出现过网络攻击行为，不良的情侣关系可以显著预测网络攻击行为（Muñoz-Fernández & Sánchez-Jiménezb，2020）。对印度青少年的研究发现，印度青少年集体主义和个体主义均可以显著预测同伴依恋，同伴依恋不仅可以预测网络攻击行为，也可以预测网络受欺负现象，且印度青少年网络攻击行为的程度远高于中国青少年和日本青少年（Wright et al.，2015a；Wright et al.，2015b）。对青少年网络欺负进行潜类别分析发现，青少年网络欺负可以分为高欺负组、低欺负组及无欺负组，高欺负组会出现较高的社会拒绝和压力水平（Martínez-Monteagudo et al.，2020）。对韩国青少年的研究发现，韩国青少年对网络欺负的态度可以显著预测网络攻击行为，同伴压力正向调节了网络欺负态度对网络欺负的影响过程（Shim & Shin，2016）。对教师群体的研究发现，捷克教师群体网络受欺负的发生率是 21.73% （Kopecky & Szotkowski，2017）。基于对 8~16 岁的儿童和青少年的调查表明，45.00% 的儿童和青少年至少遭受过一次网络欺负，69.00% 的青少年至少遭受过一次传统欺负，且青少年感知网络受欺负后，会更容易出现网络欺负行为 （Conway et al.，2016；Vieira et al.，2019）。加拿大魁北克的一项针对网络受欺负的青少年群体的研究发现，18.14% 的青少年有酒精成瘾的现象，10.03% 的青少年吸食过大麻，1.95% 的青少年吸食过其他毒品，网络欺负和家庭暴力通过心理压力造成青少年物质滥用 （Cenat et al.，2018）。国外的一项追踪元分析表明，青少年网络欺负的发生率在 5.30%~66.20%，网络受欺负的发生率在 1.90%~84.00%，传统受欺负和青少年内化行为问题是其网络欺负出现的风险因素，问题性网络使用和环境风险因素 （如父母、同伴关系不良等） 是严重的风险因素 （Camerini et al.，2020）。

相关研究表明，黑暗人格 （自恋、精神病态、虐待人格） 可以显著预测青少年错误感知自我，进而影响网络去抑制现象，并最终导致青少年出现网络攻击行为，且青少年的隐形自恋水平会显著影响自尊及网络攻击行为和网络受欺负现象，网络欺负也会影响青少年武器携带现象 （Fan et al.，2016；Kurek et al.，2019；Lu et al.，2019）。此外，黑暗人格也可以显著预测网络欺负及问题性媒体使用，其前因变量是儿童期情感虐待，黑暗人格在儿童期情感虐待与青少年网络欺负之间起中介作用 （Kircaburun，Jonason，& Griffiths，2018；Kircaburun et al.，2019）。青少年网络欺负与心理韧性和自尊有关，青少年的心理韧性和自尊水平升高时，网络欺负现象会下降，反之会升高 （Aliyev & Gengec，2019）。青少年网络受欺负也会显著影响身体图式及态度、节食行为、生活满意度、网络欺负及性行为等 （Lapierre & Dane，2020；Salazar & Leslie，2017）。研究表明，网络受欺负、攻击性特质、家庭不文明程度、自尊、社交连接等都对青少年网络欺负具有显著的预测作用，在此过程中，攻击信念、攻击规范信念、无望感、抑郁、问题性社交媒体使用起着中介作用，在不同的路径，这些预测作用受到网络公民规范、攻击特质、情绪智力、宽恕等变量的调节 （Bai et al.，2020；Kagan et al.，2019；Quintanaorts & Rey，2018；Song et al.，2019；Zhu et al.，2018）。

基于对大学生被试群体的研究发现，粗暴养育对大学生网络攻击行为具有显著的正向预测作用，且权威性孝道和互补性孝道在它们之间起双中介作用（康琪等，2020）。大学生在遭受网络社会排斥时，其疏离感水平会升高，进而直接影响网络攻击行为和传统攻击行为的表达，网络社会排斥是大学生两类攻击行为产生的主要前因变量（金童林等，2019a）。大学生反复接触暴力性刺激因素，会长时间出现网络攻击行为，在这个过程中，攻击性信念、反刍思维、道德推脱、自动思维均会起到中介作用，且这一过程会受到网络道德、自我控制、领悟社会支持、性别及道德推脱的调节，这些变量均揭示了大学生网络攻击行为的发生发展过程（金童林等，2017a；金童林等，2018；金童林等，2019b；陆桂芝等，2019；王玉龙等，2019）。此外，大学生网络受欺负可以随着时间的变化而变化，可以由网络受欺负转变成网络欺负，在这中间，起决定作用的是道德推脱，且遭受网络欺负或网络欺负他人之后，大学生都会产生不同的心理症状（刘慧瀛等，2017；朱晓伟等，2019）。基于体育类大学生群体的研究发现，父母心理控制可以显著预测体育类大学生网络攻击行为，疏离感起部分中介作用（张萍、王志博，2019）。受到社会排斥的自恋者无论在什么场景，都会表现出攻击行为（传统攻击行为、网络攻击行为），自恋对大学生两类攻击行为的预测作用显著，且自尊具有遮掩效应（陈媛媛，2018）。另外，群体相对剥夺感对网络集群行为具有显著的影响，一方面，群体相对剥夺感通过群体愤怒对网络集群行为产生影响；另一方面，群体相对剥夺感通过群体效能对网络集群行为产生影响（宋明华等，2018）。基于对土耳其大学生群体的研究发现，至少 9.7% 的土耳其大学生对他人实施了 2 次及以上的网络欺负，土耳其大学生个体的某些特质在网络欺负中扮演重要的角色，如自恋、道德推脱水平等（Tanrikulu & Erdurbaker，2019）。

（2）网络攻击行为的追踪研究

基于对初中生群体的研究表明，在 2 年的时间里，初中生网络欺负呈下降趋势，这是随着初中生年级的增加，其学业压力、家庭压力不断增加造成的，初中生网络欺负下降的初始水平与下降速度呈负相关，并且初中生网络欺负的下降速度与初中生观点采择、道德推脱水平均有关系（吴鹏等，2019）。基于对青少年群体的交叉滞后研究发现，T1 线下攻击可以显著预测 T2 网络欺负和网络受欺负（雷雳等，2015），T1 网络受欺负可以显著预测 T2 线下攻击，相似的结论也被 Chu 等（2018）对中国青少年历时 3 次的追踪研究所证实，这说明青少年线下攻击频率越高，他们在网络上同样也会表现出高频率的网络攻击行为，在遭受网络攻击时，青少年同样也会在线下实施攻击行为。一项针对中国高中生间隔 6 个月的交叉滞后研究显示，我国高中生 T1 网络欺负可以显著预测 T2 正念及 T2 抑郁水平，T1 正念可以显著预测 T2 网络欺负和 T2 抑郁，T1 抑郁可以显著预测 T2 网络欺负和 T2 正念水平（Yuan & Liu，2019）。

国外的研究表明，T1 传统欺负和 T1 网络欺负均可以显著预测 T2 青少年网络欺负，且规范信念起调节作用（Wright & Li，2013）。也有研究表明，T1 学校欺负、T1 网络欺负、T1 媒体暴力接触、T1 传统受欺负、T1 冷酷无情特质均可以显著预测 T2 青少年网络欺负（Fanti et al.，2012；Pabian & Vandebosch，2016）。此外，T1 限制性解释和 T1 指导性解释均可以显著预测 T2 青少年网络受欺负，在这一追踪预测中，受到性别的调节（Wright，2017）。在一项针对青少年历时 3 年的追踪研究中，T1 网络欺负可以显著预测 T2 感受同伴关系压力，T2 感受同伴关系压力可以显著预测 T3 感受学校主观幸福感，即感受同伴压力在网络欺负与感受学校主观幸福感间起纵向的完全中介作用（Tian et al.，2018）。在一项针对中学生的睡眠质量的调查中，T1 数字媒体软件使用可以显著预测 T1 睡眠质量，T1 睡眠质量可以显著负向预测 T2 愤怒水平，T2 愤怒水平可以显著正向预测 T2 网络欺负，T2 数字媒体软件使用可以预测 T2 数字媒体使用（Erreygers et al.，2019）。相关研究表明，T1 青少年网络攻击行为及 T1 抑郁水平均可以显著预测 T2 抑郁水平，并且受到 T2 表达抑制的调节（Turliuc et al.，2020）。一项交叉滞后研究表明，T1 抑郁和 T1 物质滥用均可以显著预测 T2 网络欺负，T1 网络受欺负可以显著预测 T2 抑郁和 T2 问题性网络使用（Gamez-Guadix et al.，2013）。同样的，一项为期 1 年的交叉滞后研究表明，T1 问题性网络使用可以显著预测 T2 网络欺负与 T2 网络约会，T1 网络约会可以显著预测 T2 网络欺负（Gámez-Guadix et al.，2016）。一项针对同性恋的调查发现，T1 目睹同性恋网络攻击行为现象可以显著预测 T2 同性恋网络欺负，在这一过程中网络去抑制起到中介和调节的作用，共情能力起中介作用（Wright & Wachs，2020）。一项针对青少年追踪研究的结果显示，T2 性骚扰短信行为可以显著预测 T3 网络欺负，T3 网络欺负可以显著预测 T4 性骚扰短信行为，T3 性骚扰短信行为可以显著预测 T4 传统欺负和 T4 网络欺负（Van et al.，2019），同样的结论也在一项追踪 2 次的交叉滞后研究中得到了证实（Ojeda et al.，2019）。基于对新加坡青少年的 3 次追踪研究表明，T1 社交媒体使用可以显著正向预测 T2 网络欺负态度，T2 网络欺负态度可以显著正向预测 T3 青少年网络欺负，即网络欺负态度在社交媒体使用与青少年网络欺负之间起纵向中介作用（Barlett et al.，2018）。基于对美国青少年群体的研究发现，T1 网络旁观者可以显著正向预测 T2 抑郁和 T2 焦虑，且 T1 共情正向调节了它们之间的关系（Wright et al.，2018）。此外，一些追踪的研究结果表明，青少年网络受欺负会对随后的消极生理健康（如自尊、抑郁等）具有负向预测作用（Depaolis & Williford，2019），青少年网络欺负态度及网络欺负行为是随后网络欺负的主要预测变量，网络匿名性及先前的网络欺负经历是随后青少年网络欺负出现的主要风险因素（Barlett，2015）。

第三节　道德推脱

一　道德推脱的内涵

道德推脱（moral disengagement）是指个体在日常生活中出现不道德行为时为自己开脱罪责的心理倾向，这种心理倾向会使自己的心理负担最小，并为自己的不道德行为进行各种认知上的合理化，从而最大限度减少自身在不道德行为所产生的不良后果中的责任以及对受害者痛苦的认同（Bandura，1986、1990、1999、2002；Bandura et al.，1996a、1996b）。道德推脱有效解释了现实生活中的个体在道德上的知行分离（杨继平等，2010）。

按照班杜拉（Bandura，1986、1990、1999、2002；Bandura et al.，1996a、1996b）的观点，个体在为自己不道德行为进行推脱时，会同时使用一种或者几种推脱机制为自己辩解，班杜拉将这些推脱机制总结为8种：道德辩护机制、委婉标签机制、有利比较机制、责任转移机制、责任分散机制、忽视或扭曲结果机制、责备归因机制及非人性化机制。道德辩护机制（moral justification）是指个体在出现不道德行为时，为自己的不道德行为进行道德化的辩解，从而在认知上认为自己的不道德行为是道德的。委婉标签机制（euphemistic labelling）是指个体用一些褒义性或者中性的言语为自己的不道德行为进行道德化的标签解释，从而使自己的不道德行为看起来似乎是道德的。有利比较机制（advantageous comparison）是指个体通过将自己的不道德行为与他人出现的更不道德的行为进行比较，从而在内心上可以接受自己的不道德行为，因为与其他人的不道德行为相比，自己的这种不道德行为产生的伤害是微不足道的，是完全可以忽略的。也就是说，个体通过把不道德行为与有害的行为进行比较，使原先不可接受的行为变得看似可以接受。责任转移机制（displacement of responsibility）是指个体为了使自己内心的道德标准不受侵害，进而将自己不道德行为产生的原因归咎于他人，从而转移自己在不道德行为中应当承担的责任。责任分散机制（diffusion of responsibility）是指个体不道德行为出现的原因是来自上级的压力、社会的压力等。这些压力造成自己出现不道德行为，自己不应该承担任何道德谴责或道德责任。该机制一般出现在集体情境当中。忽视或扭曲结果机制（disregard or distortion of consequences）是指个体产生不道德行为之后，会选择性地忽略由自己不道德的行为而给受害者带来的创伤或压力，从而避免自己出现各类不良的道德情绪（如内疚、羞愧等）。责备归因机制（attribution of blame）是指个体通过反复强调受害者的过错而使自己的责任得以免除。非人性化机制（dehumanisation）是指个体将受害者降人一等（如将受害者等同于没有思想、人格、意识、经验的生物等），进而肆意地使用推脱机制，从而将自己不道德行为进行认知上的合理化（杨继平等，2010；Bandura，1986、1990、1999、2002；Bandura et al.，1996a、1996b）。

McALister 等（2006）认为，这 8 种推脱机制在工作的时候并无先后顺序，哪一种机制能为自己不道德的行为推脱，个体便优先选择哪一种推脱机制。虽然如此，班杜拉依然描述了个体内部道德推脱认知的产生过程（见图 1-1），即首先，个体通过道德辩护机制、有利比较机制和委婉标签机制将自己的不道德行为进行认知重建，将其塑造为道德行为；其次，个体通过责任转移机制、责任分散机制以及忽视或扭曲结果机制将受害者的行为推脱成为有害行为，以掩盖或扭曲自己的不道德行为，从而进一步提升自己的道德可接受性；最后，个体通过非人性化和责备归因 2 种机制完全地将自己的不道德行为塑造为道德行为，将受害者所遭受的心理压力重构为受害者应该遭受的"道德谴责"，从而使自己避免道德压力，形成一条完整的道德推脱的认知过程（杨继平等，2010；Bandura，1986、1990、1999、2002；Bandura et al.，1996a、1996b）。

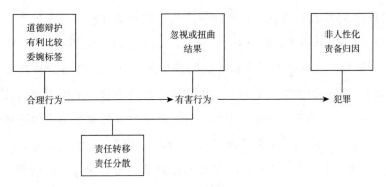

图 1-1　道德推脱在不同行为中的道德自我调节的选择性失效机制
资料来源：杨继平等，2010。

二　道德推脱的理论

（一）认知理论

认知理论（Social Sognitive Theory）是由班杜拉（Bandura，1986、1990、1999、2002；Bandura et al.，1996a、1996b）提出并多次修正而形成用来解释个体不道德行为现象的一个连贯清晰的理论。班杜拉（Bandura，

1986）认为，个体内心的道德系统主要有两股力量：一是促使个体表现出道德行为的积极道德力量，这是道德的向心力；二是诱发个体出现不道德行为的消极道德力量，这是道德的离心力（王兴超等，2014）。调节这两股力量的比重主要是通过个体的道德调节机制，如果道德调节机制失效，则会引发个体出现道德推脱现象，进而为自己的不道德行为进行合理化，从而摆脱不道德行为带来的内心谴责和内疚。也就是说，如果个体的行为与内心的道德标准不一致，则道德离心力大于道德向心力，个体会表现出不道德行为，并运用各类道德推脱机制为自己的不道德行为进行辩护，使之看起来更合乎"道德规范"。相反的，如果个体的行为与内心道德标准一致，则道德向心力大于道德离心力，个体的道德调节机制正常工作，个体也会表现出道德行为。

（二）特质观点

目前，一些研究者认为，研究者应当关注道德推脱的交互效应，而非主效应（Gini, Pozzoli, & Bussey, 2015a、2015b；Gini, Pozzoli, & Hymel, 2013）。因此，这就催生了道德推脱的特质理论观点。持有这种观点的研究者认为，高道德推脱水平的个体更容易出现攻击行为，因为他们几乎不可能去关注自己的道德情绪，也就是说，高道德推脱水平个体的道德情绪机制是失效的，也就无法调节攻击行为与正常情绪间的平衡；相反的，低道德推脱水平个体的道德情绪可以有效地调节攻击行为与正常情绪，可以充分地发挥道德推脱的调节作用（Wang et al., 2017b）。也就是说，道德推脱是个体的一种特质，而非个体的认知过程。道德推脱的特质性是与生俱来的，其在不同的场景起不同的作用。因此，道德推脱是一种基于场景而诱发行为的"催化剂"。在一些危险的场景，道德推脱是个体不良行为（如攻击行为、暴力行为、犯罪行为等）的"加速催化剂"，高道德推脱水平是个体不良行为的加速机制；而在一些不危险场景下，道德推脱是个体不良行为（如攻击行为、暴力行为、犯罪行为等）的"减速催化剂"，在这些场景下，道德推脱不仅不会诱发不良行为，而且还会抑制不良行为的表达（Moore, 2015；Wang et al., 2017b）。

此外，也有一些研究者认为，讨论道德推脱是认知过程还是特质机制是毫无意义的，这不符合心理学研究的整体性观念。道德推脱在个体行为表达的过程中，其不仅是一种特质性的调节，而且还是一种心理的认知过程，这两种机制同时发挥作用，但又相互独立，互不影响，是影响个体行为表达的重要心理量（郭正茂、杨剑，2018；金童林等，2017b；Moore，2015）。持有这种观点的研究者认为，如果将道德推脱作为单一的认知过程，那么其在个体行为表达过程中应当是一种"中介作用"，它解释了个体不良行为的出现是"如何发生"或"为何发生"的问题，在此时，道德推脱通常作为一种中介桥梁来影响个体行为。它具有不稳定的特点，随时受环境和社会情境因素的影响，个体与环境的交互会随时影响个体道德推脱水平（张艳清等，2016）；如果将道德推脱作为单一的特质性调节作用来研究，那么其在个体的行为表达过程中充当一种"调节机制"，它解释了个体不良行为的出现是与道德推脱的强弱有关的问题。在此时，道德推脱通常以一种条件机制来影响个体行为（孙丽君等，2017；邹延，2018；Moore，2015；Wang et al.，2017b）。如果将其既看作认知过程又看作特质性调节过程，那么道德推脱既可以被当作"中介桥梁"，又可以被当作"条件机制"来研究。

三　道德推脱的相关研究

目前，关于道德推脱的研究主要围绕横断的调查，也有一些研究探讨了道德推脱的纵向变化趋势。因此，本文将分别对道德推脱的 4 种相关研究进行阐述。

（一）认知的相关研究

基于对大学生群体的研究表明：在共情对大学生亲社会行为的影响中，内疚和道德推脱起双重部分中介作用（安连超等，2018）；在认知共情对网络欺负的影响中，道德推脱和传统欺负起链式中介作用（符婷婷等，2020）；在观点采择对大学生网络偏差行为的影响中，道德推脱起部分中介作用（杨继平等，2014）。研究同时表明，父母教养方式、良心、责任心均会对大学生道德推脱产生影响，特别是，良心和责任心在父母教养方式对大学生道德推脱的影响中起部分中介作用（胡婷婷，2018；谢望舒，2017）；在情感温暖对大学生亲社会行为影响的过程中，道德推脱起显著的中介作用（方力，2015）；在道德认同对大学生运动员攻击行为的影响过程中，道德推脱起显著的中介作用（李彦儒、褚跃德，2018）；在道德推理对大学生利他行为的影响中，道德推脱起部分中介作用（陈丽蓉，2018）；在社会支持影响大学生道德推脱的过程中，敌意认知和愤怒起到双中介作用，且这种中介均表现出了遮掩效应（Shen et al.，2019）。也有研究表明，儿童期心理虐待能显著正向预测大学生道德推脱水平，冷酷无情特质起显著的中介作用，共情调节了儿童期心理虐待对冷酷无情特质和道德推脱的作用机制（Fang et al.，2020）。此外，国外的研究表明，在内部控制源对大学生道德推脱的影响过程中，批判性思维起到部分中介作用（Tahrir et al.，2020）。

　　基于对中学生及青少年群体的研究表明：道德推脱在初中生共情对帮助被欺凌者行为的影响中起部分中介作用、在共情对局外行为的影响中起部分中介作用（韦维，2018）、在同胞关系对初中生亲社会行为影响的过程中起部分中介作用，且共情显著调节了同胞关系对道德推脱的影响过程（李沛沛，2019）；公正世界信念可以显著预测青少年网络欺负行为和网络受欺负行为，道德推脱在公正世界信念与网络欺负行为之间起部分中介作用（王瑞雪，2019）；道德推脱也在情绪智力与中学生攻击行为间起部分中介作用（夏锡梅、侯川美，2019）；同样的，道德推脱在移情关怀对初中生网络过激行为的影响中同样起部分中介作用（杨继平等，2012）；在父母教养方式对利他行为的影响中，道德推脱和道德认同起链式中介作用（孙颖、陈丽蓉，2017）；同时，积极教养方式和消极教养方式均通过道德推脱及越轨交往影响初中生的攻击行为（李琳烨，2019），父母教养方式也同时影响着青少年的道德推脱（陈钟奇等，2019）；群体认同可以显著预测初中生群体不道德行为，道德认同起到了中介桥梁的作用，且道德认同显著调节了道德认同与亲群体不道德行为之间的关系（卢俊铭，2018）。研究同时表明，道德推脱可以作为认知的开端而进一步影响个体的行为。在自我同情与道德推脱的关系研究中，初中生道德推脱可以显著预测自我同情水平（韩晓楠，2015）；道德推脱也可以显著预测大学生攻击行为（王兴超等，2012）、青少年攻击行为（杨继平、王兴超，2012、2013；张迎迎，2018）、网络攻击行为（郑清等，2016）、网络偏差行为（杨继平等，2015）、网络欺负行为（叶宝娟等，2016）、合作倾向（武玉玺等，2019）、网络欺负旁观者行为（谢涵，2017）、亲社会行为（王兴超、杨继平，2013）等；道德推脱可以显著预测青少年网络欺负行为，道德判断在其中起负向的调节作用（Wang et al.，2016）；在学校氛围对青少年网络欺负的影响机制中，道德推脱起到了显著的中介作用，且同伴的道德认同显著调节了道德推脱与网络欺负间的关系（Wang, et al.，2019c）。

国外的研究表明：道德推脱可以显著正向预测自我保护行为（Bussey et al.，2020）、攻击性受害者（aggressive-victims）（Ettekal et al.，2020）、青少年身体攻击行为和言语攻击行为（Bussey et al.，2015；Travlos et al.，2018）。道德推脱可以直接正向预测青少年和儿童的欺负行为及自我保护行为，而内疚调节了这三者之间的关系（Mazzone et al.，2016）；在积极学校氛围、亲子-协作知识及积极父母寻求对青少年网络欺负的影响过程中，道德推脱均起到了显著的中介作用（Giuseppina-Bartolo et al.，2019）；在网络欺负式道德推脱和父母控制对青少年传统欺负和受欺负的影响中，网络卷入均起部分中介作用（Meter & Bauman，2016）；道德推脱可以显著预测土耳其青少年网络欺负，共情起部分中介作用（Bakioğlu & Eraslan-Çapan，2019）；在希腊和意大利青少年的样本中，道德推脱均可以显著预测青少年网络欺负倾向（Lazuras et al.，2019）。情感共情在青少年对网络名流的网络攻击行为（包括严重网络攻击行为和温和网络攻击行为）的影响中，道德推脱均起显著的中介作用（Gaëlle et al.，2018）。在青少年服从行为对网络欺负的影响中，网络受欺负和道德推脱起链式中介作用（Eraslan-Çapan & Bakioğlu，2020）。此外，元分析的结果表明，道德推脱与青少年欺负行为、受欺负行为均呈正相关，与自我防御行为呈负相关，与旁观者行为相关不显著，道德推脱是青少年攻击行为的主要前因变量（Gini et al.，2013；Killer et al.，2019）。青少年愤怒和敌意认知均可以显著预测道德推脱，道德推脱也可以显著预测青少年身体攻击和言语攻击（Fernando et al., 2016）。青少年网络欺负道德感知可以显著预测网络受欺负，其中，道德推脱起部分中介作用，且道德认同调节了它们之间的关系（Cuadrado-Gordillo & Fernández-Antelo, 2019）。基于小学生群体的研究发现，在父母道德推脱感知对网络欺负、网络受欺负、传统欺负及传统受欺负的影响中，道德推脱及道德情绪均起链式的中介作用（Zych et al., 2019）。

此外，一些研究者也探讨了道德推脱作为因变量的相关因素的研究。在父亲在位对初中生道德推脱的影响中，道德认同起到部分中介作用，且自尊显著调节了父亲在位对初中生道德推脱的影响过程（易杨萌，2018）。在家庭功能对青少年道德推脱的影响中，责任心起中介作用，道德认同调节了责任心与道德推脱的关系（赵欢欢等，2016）。在同伴道德推脱对青少年道德推脱的影响中，交往不良同伴调节了它们之间的关系（王莹，2017）。

基于对成年犯的研究表明：成年犯观点采择、身心忧疾、道德推脱及身体攻击和替代攻击两两呈显著正相关，道德推脱在观点采择对身体攻击的影响中起完全中介作用，在观点采择、身心忧疾对身体攻击和替代攻击的影响中起部分中介作用（刘奕林，2015）。国外的研究表明：罪犯的内化宗教信仰可负向预测道德推脱水平（D'Urso et al., 2019）；且毒犯比其他侵害人身行为的普通违法者所表现的道德推脱水平更高，用毒品侵害人身权利的犯罪者的道德推脱水平也显著高于其他侵害人身行为的普通违法者（Giulio et al., 2018）；感知警察公平性和道德推脱均正向预测未成年犯攻击行为（Tamika et al., 2018）。

基于管理学的研究表明：辱虐管理可以显著正向预测员工道德推脱现象，且工作不安全感起部分中介作用，正念显著调节了工作不安全感与道德推脱的关系（倪丹、郑晓明，2018）。也有研究表明，同事助人行为可以通过道德推脱影响职场不文明行为，道德认同显著调节了同事助人行为与道德推脱的关系（占小军等，2019）。研究同时表明，创造力可以显著预测员工的越轨创新行为，同样的，道德推脱起中介作用，且心理特权在创造力与道德推脱之间起调节作用（杨刚等，2019）。国外的研究表明：工作场所攻击可以通过消极情绪及道德推脱的双中介作用来影响员工的不端行为，且消极情绪也是道德推脱的预测变量（Roberta et al.，2018）；组织的复杂性和外化环境的复杂性也可以影响生意人的道德推脱水平，进而影响反生产行为，而组织冲突起显著调节作用（Seriki et al.，2018）；诚实-谦逊可以显著预测领导评价，道德推脱在诚实-谦逊对领导评价中起中介作用（Ogunfowora & Bourdage，2014）。

关于冰球和足球运动员的研究结果显示，运动员感知教练态度及与队员相比较的自我态度均可以显著正向预测道德推脱，道德推脱对工具性攻击合理化和敌意攻击合理化的预测均不显著（Traclet et al.，2014）。同样的，基于运动员群体的研究发现，运动员自恋水平可以显著预测其反社会行为，且道德推脱起部分中介作用（Jones et al.，2017）。

（二）道德推脱在负性经验和非适应性行为间的中介研究

关于大学生群体的研究表明：T大学本科生学习倦怠与学业欺骗及道德推脱均呈显著正相关，道德推脱在学习倦怠对学业欺骗的影响中起部分中介作用（李洁红，2018）；在攻击行为规范信念对大学生网络欺负的影响过程中，道德推脱及网络道德起链式中介作用（郑清等，2017）；在个体化压力、科研环境对学术不端的影响中，道德推脱起部分中介作用（陈银飞，2013）；在儿童期心理虐待对大学生网络欺负行为的影响过程中，道德推脱依然起着部分中介作用（金童林等，2017a）。

关于中学生及青少年群体的研究表明：同学关系、班级环境、道德推脱及中学生暴力行为均呈显著正相关，道德推脱在班级环境及同学关系对暴力行为的影响中均起部分中介作用（王磊等，2018）；中学生暴力视频游戏使用、网络欺负及道德推脱均呈显著正相关，道德推脱在暴力视频游戏使用及网络欺负间起部分中介作用（许路，2015）；道德推脱与初中生父母行为控制、心理控制及网络欺负均呈显著正相关，道德推脱在父母行为控制与网络欺负间起部分中介作用，在父母心理控制与网络欺负间起完全中介作用（矫凤楠，2017）；此外，道德推脱在冷酷无情特质对初中生攻击行为的影响中起部分中介作用（杨洁强，2019）；在现实暴力接触对初中生外化行为问题的影响中，道德推脱及情绪调节自我效能感均起部分中介作用（汪玲，2017）。在传统受欺负对青少年网络欺负的影响过程中，道德推脱起部分中介作用，且在传统受欺负对道德推脱的影响过程中，受到了性别的调节（朱晓伟等，2019）；媒介不良接触通过道德认同和道德推脱对青少年攻击行为产生影响，也通过犬儒主义特征及道德推脱对青少年攻击行为产生影响（刘裕等，2014）；网络欺凌普遍性信念可以显著预测网络欺凌合理信念，进而再预测道德推脱，道德推脱最终可以预测中学生网络欺凌行为（梁凤华，2019）；在父母拒绝对中职生心理韧性的影响机制中，道德推脱起部分中介作用（姜维，2018）；研究同时表明，在父母冲突对青少年攻击行为的影响中，道德推脱起部分中介作用（杨继平、王兴超，2011）。

在父母控制对初中生网络欺负的影响中，道德推脱同样起部分中介作用（范翠英等，2017）；在严厉性父母教养方式对青少年攻击行为的影响机制中，道德推脱中的道德辩护机制和委婉标签机制均起显著的部分中介作用（Wang et al.，2019a）；在特质愤怒对青少年网络欺负的影响中，道德推脱起中介作用，道德认同负向调节特质愤怒与道德推脱及网络欺负的关系（Wang et al.，2017c）。基于意大利青少年的研究结果显示：攻击行为、同伴拒绝、自尊均可以显著预测意大利青少年道德推脱，道德推脱进一步可以显著预测青少年早期的犯罪行为（Fontaine et al.，2014）。

基于对未成年犯的研究发现，道德推脱在交往不良同伴和攻击行为间起中介作用（高玲等，2015）；基于对罪犯的研究表明，罪犯的社会地位感知可以显著预测其过激行为水平，而道德推脱起中介作用（高玲等，2012）。

基于对成人群体的研究表明：辱虐管理可以预测亲组织不道德行为，道德推脱起部分中介作用（汤雅军，2019）。在黑暗人格对不道德消费行为影响的机制中，道德推脱起部分中介作用（Egan et al.，2015）；在黑暗人格对成人幸灾乐祸（schadenfreude）的影响机制中，道德推脱和关系攻击均起部分中介作用（Erzi，2020）；家庭拒绝、邻居富有程度等均可以通过道德推脱来影响低收入男性的反社会行为（Hyde et al.，2010）。

（三）特质的相关研究

基于中学生及青少年群体的相关研究。刘美辰（2012）发现，在道德判断对中学生攻击行为影响的过程中，道德推脱起负向调节作用。张玉雪（2017）通过自编初中生道德推脱问卷的研究表明，在道德认同对初中生亲社会行为影响的过程中，道德推脱起负向调节作用。孔卫丰（2019）的研究表明，在线上同伴网络中心性对青少年网络欺负的影响过程中，道德推脱起调节作用。在精神病特性（psychopathic traits）对青少年攻击行为的影响中，道德推脱起负向调节作用（Gini et al.，2015a；2015b）。在同伴提名对青少年攻击行为影响的过程中，道德推脱起调节作用（Cheng et al.，2018）。在移情关怀对青少年攻击行为的影响中，道德推脱和观点采择均起调节作用（Bussey et al.，2015）。多水平结果显示，个体水平道德推脱可以预测青少年攻击行为，且受集体水平道德推脱的调节（Gini et al.，2015a；2015b）。此外，在儿童期心理虐待对青少年攻击行为的影响过程中，道德推脱起中介作用，也起调节作用（孙丽君等，2017）。在共情对中国男性未成年群体攻击行为的预测作用过程中，道德推脱一方面起中介桥梁的作用，另一方面起调节机制的作用（Wang et al.，2017b）。

基于大学生群体的相关研究。方杰和王兴超（2020）的研究表明，冷酷无情特质可以预测大学生网络欺负，且道德推脱调节了它们的关系。在特质自我控制对大学生攻击行为的影响中，道德推脱起调节作用（Li et al.，2014）。在特质愤怒对大学生网络攻击行为的影响机制中，道德推脱起调节和中介作用（金童林等，2017b）。

基于成年群体的相关研究。杜利梅、李根强和孟勇（2019）的研究发现，主观规范可以预测网民的网络集群行为，在这一预测过程中受网民的道德推脱水平的调节。基于对工作场所的研究表明，在消极影响对员工反工作场所行为的影响机制中，道德推脱和性别均起调节作用（Samnani et al.，2014）。领导者精神质（leader psychopathy）可以预测组织偏差，心理安全感起部分中介作用，且道德推脱在领导精神质与心理安全感间起调节作用（Erkutlu & Chafra，2019）。基于对运动员的研究表明，父母冲突、青少年运动员攻击行为、运动道德推脱三者之间均呈正相关，且运动道德推脱在父母冲突与青少年运动员攻击行为之间不仅起中介作用，而且起调节作用（郭正茂、杨剑，2018）。

（四）追踪研究

目前，关于道德推脱的追踪研究主要集中在与负性行为的研究中。国内的研究表明，在 2 年时间里，初中生网络欺负呈下降趋势，道德推脱可以预测初中生网络欺负初始水平，也可以预测初中生网络欺负下降趋势，道德推脱对个体的影响包括即时和长期的影响（吴鹏等，2019）。初中生线下受欺负程度可以预测 6 个月后的网络欺负，并在此过程中会进一步提高道德推脱水平，从而使网络欺负更易发生，也就是说，道德推脱在初中生线下受欺负程度对网络欺负的纵向预测中起中介作用，且线下受欺负对道德推脱的影响受自尊的调节（王建发等，2018）。此外，对我国青少年追踪 1 年的研究发现，道德推脱是青少年出现欺负行为的原因，且感知校园氛围调节了道德推脱与欺负行为间的关系（Teng et al., 2020）。此外，我国的两次追踪研究结果显示，T1 儿童期心理虐待可以预测 T2 道德推脱，T2 道德推脱可以预测 T2 青少年网络受欺负，道德推脱是儿童期心理虐待与网络受欺负间的中介作用，且受到父母道德推脱的调节（Wang et al., 2019b）。

国外的研究显示，在每隔 4 个月的追踪过程中，加拿大青少年 T1 的主动性防御（active defending）对 T2 道德推脱预测不显著，但 T2 道德推脱可以显著预测 T3 主动性防御，表明道德推脱是青少年主动性防御的主要原因（Doramajian & Bukowski, 2015）。基于对荷兰青少年的交叉滞后研究的结果显示，青少年反社会行为可以预测道德推脱（Sijtsema et al., 2019）。对意大利青少年追踪 2 年的研究结果显示，T1 冷酷无情特质可以显著预测 T2 道德推脱，T2 道德推脱也可以显著预测 T1 冷酷无情特质，T2 道德推脱可以显著预测 T2 内化行为（Muratori et al., 2017）。对瑞典青少年 2 年的交叉滞后研究结果表明，T1 道德推脱可以显著正向预测 T2 学校欺负行为，同样的，T2 学校欺负行为可以显著预测 T1 道德推脱

（Thornberg et al.，2019）。对欧洲青少年的每隔 6 个月的交叉滞后研究结果显示，T1 正念显著负向预测 T2 道德推脱，T2 道德推脱可以显著正向预测 T3 欺负行为和受欺负行为，即道德推脱在正念和欺负行为及受欺负行为间起纵向的中介作用（Georgiou et al.，2020）。对西班牙青少年每隔 1 年的追踪研究显示，T1 冷酷无情特质可以显著预测 T2 网络欺负，且道德推脱在它们之间起调节作用（Orue & Calvete，2016）。对美国儿童 3 次追踪的交叉滞后研究结果显示，在每次横断结果中，道德推脱在报复目标和友谊保持目标对儿童攻击行为的影响中起部分中介作用，且 T1 报复目标和友谊保持目标可以正向预测 T2 道德推脱，T2 道德推脱可以正向预测 T3 儿童攻击行为，故道德推脱在报复目标和友谊保持目标对儿童攻击行为的影响中起纵向的中介作用，即道德推脱在报复目标和友谊保持目标对儿童攻击行为影响中的中介作用成立（Visconti et al.，2015）。

此外，基于违法者的追踪研究表明，违法者的 T1 冷酷无情特质可以显著预测 T2 道德推脱，T2 道德推脱可以显著预测 T3 同伴影响，即道德推脱是冷酷无情特质和同伴影响的中介作用（Walters，2018）。基于男性少年犯的潜差异模型结果显示，道德推脱是男性少年犯反社会行为出现的重要前因变量（Shulman et al.，2011）。国外对早期青少年的 4 次追踪研究结果显示，青少年道德推脱可以显著预测下一次的道德情绪，青少年攻击行为也可以显著预测下一次的道德情绪（Angela et al.，2018）。跨文化的追踪研究结果显示，道德推脱是攻击行为产生的主要原因，道德推脱可以显著预测攻击行为，且年长的男性青少年使用道德推脱策略的方法比年幼的男性青少年和女性青少年更多（Wang, et al.，2017a）。

第四节　问题提出

一　现有研究的不足与拟解决的问题

目前，大学生网络攻击是网络心理学研究的热点问题，也是影响大学生心理健康的主要原因之一。但对大学生网络攻击的心理机制和发展变化规律方面的研究尚不完善，尤其是缺乏对大学生网络攻击及其影响因素、发展轨迹及理论探索的考察。通过以往的文献回顾我们发现，现有的文献主要存在以下几点不足之处。

首先，网络社会排斥的实验范式有待进一步改进。以往对于网络社会排斥的研究有两种方法——问卷法和实验法，其中，比较受质疑的是实验法。以往关于网络社会排斥的实验研究均借鉴了社会排斥的研究范式，如回忆范式、启动范式等（程苏等，2011；杨晓莉等，2019）。这种借鉴导致的直接结果是无法有效分离出这种排斥体验是网络社会排斥体验还是社会排斥体验，或者是两者的混合产物，因而采用这些范式研究网络社会排斥得出的结果很容易受研究者的质疑。目前，虽然一些实验范式（如O-Cam）有了进一步的改进，但依然存在上述的缺陷。另外，道德推脱也存在这种缺陷，自道德推脱问卷问世以来，几乎所有的研究都采用了问卷法，对其实验的考察依然是屈指可数的。以往的研究虽然得出了道德推脱是个体各类非适应性行为的核心机制的结论（Gini et al.，2013；Killer et al.，2019；王兴超等，2014），但依然缺乏来自实验的证据，这极大地削弱了道德推脱的理论及现实价值。此外，虽然一些研究证明了道德推脱在一些负性刺激（如受欺负、不良同伴交往、同伴拒绝、暴力视频游戏接触等）与非适应性行为（如网络欺负、攻击行为、犯罪行为等）之间起中介作用（Fontaine et al.，2014；Teng et al.，2020；高玲等，2015；朱晓伟等，2019），但其是否在网络社会排斥与大学生网络攻击间起中介作用，以往的研究并没有给出明晰的答案。因此，本研究拟一方面通过实验法来验证道德推脱对大学生网络攻击的中介效应；另一方面拟通过改编O-Cam范式，使其引发的排斥体验不仅是纯净的网络社会排斥体验，而且在实验流程和操作上均具有标准化的操作流程，从而进一步提升研究结论的科学性和精确性。

其次，研究者对网络攻击相关实验研究的关注不足。通过对以往文献的梳理，我们发现，以往对于个体网络攻击影响因素的揭示几乎均通过横断调查研究来实现，而对实验研究的考察略显不足。实验研究可以更好地保证研究结论的科学性和因果性，而横断调查研究显然无法满足这一点，这就导致诸多研究者对通过横断调查研究得出的结论存在质疑。因此，鉴于横断调查研究的这一缺陷，本研究拟通过实验法来考察网络社会排斥对大学生网络攻击的影响，从而增强结论的逻辑性和因果性。此外，也有研究指出，实验研究可以揭示心理量对网络攻击的短时效应，问卷研究可以揭示长时效应（刘元等，2011；魏华等，2010；Anderson & Bushman，2001；Anderson & Dill，1986、2000），也就是说，实验研究可以保证心理量在短时间内引发个体出现网络攻击，但这种短时的时间效应能持续多久就不得而知了；问卷研究可以保证心理量在长时间内都可以影响个体的网络攻击，但无法保证这些心理量是否可以在短时间内导致个体出现网络攻击现象。换言之，实验研究和问卷研究各有优势，选取任何一种方法在效度问题上都会受到不同研究者的质疑，如只选取实验法，虽然提高了内部效度，增强了因果性，但生态效度必定会下降，可推广的价值必然会降低。因此，本研究拟通过实验法和问卷法相结合的研究方法，进一步探讨网络社会排斥对大学生网络攻击影响的机制，这既保证了研究的内部效度，又提升了研究的外部效度，从而更科学地揭示大学生网络攻击的发生发展机制。

再次，研究者对于内隐网络攻击性的关注不足。内隐网络攻击性源自内隐攻击性，是本研究基于内隐攻击性的特点和机制提出的新的心理现象。事实上，以往对于内隐攻击性的研究主要集中于内隐联想测验、词干补笔测验、条件推理测验（Gadelrab，2018）等。不可否认，实验法可以有效地保证内隐攻击性的内部效度，而对于内隐攻击性长时变化则无法检验，这就导致许多研究者围绕内隐攻击性到底是稳定性的特质还是状态性的特质出现持续争论，内隐攻击性的这一科学问题也一直处于"黑箱"状态，归根结底，这一争论的原因是没有进行实验范式的改进。随着信息时代的到来，内隐攻击性也同样存在于网络社会中，即内隐网络攻击性。目前鲜有研究来关注内隐网络攻击性，这削弱了内隐网络攻击性的应用理论价值。因此，由于内隐网络攻击性研究范式的限制，本研究拟借鉴词干补笔测验的优势，编制《内隐网络攻击性词干补笔测验问卷》，并进行追踪研究，从而探讨大学生内隐网络攻击性的变化特点及其影响因素。

最后，以往的研究对于网络攻击理论的探讨严重不足，对于个体网络攻击产生的解释主要借助传统攻击行为理论、罪错理论、偏差行为理论等，这虽然能在一定的程度上揭示网络攻击产生的原因，但揭示不了其产生的本质，用相似的理论解释相似的行为现象，这是以往的理论研究过程中存在的主要缺陷，况且，网络攻击行为与传统攻击行为、犯罪行为等是有着质的差异，用其他相似的理论来解释网络攻击行为的产生机制必然会遭受质疑。因此，探索和发展网络攻击的理论是当下网络心理学研究的重点问题之一。基于此，本研究在探讨网络社会排斥及道德推脱对大学生网络攻击影响的同时，也提出了解释个体网络攻击产生的刺激-催化模型，这不仅突破了以往网络攻击的研究中没有解释理论的壁垒，而且对于未来相关的研究具有指导意义，同时也进一步丰富和完善了网络心理学研究的内容。

综上所述，本研究将围绕网络社会排斥对大学生网络攻击的影响机制这一研究中心，主要解决以下问题。

第一，结合我国互联网的发展状况，开发效度较高的本土化网络聊天实验范式；

第二，开发信效度较高的《内隐网络攻击性词干补笔测验问卷》，为进一步考察大学生内隐网络攻击性特征的变化提供必要的量化手段；

第三，采用眼动技术、行为实验，以及两水平被试内中介实验设计等方法，探究网络社会排斥对大学生网络攻击的影响机制，以及道德推脱的中介作用；

第四，运用纵向追踪的测验方式，并使用交叉滞后设计、潜变量增长模型、潜变量增长混合模型、多元潜变量增长模型及平行发展模式的潜变量增长模型等方法，进一步探究网络社会排斥、道德推脱对大学生网络攻击影响的长时机制，以及考察各变量的发展轨迹和共变模式；

第五，基于研究结果，提炼出可以揭示个体网络攻击产生的理论模型。

二　研究假设

为了解决以上问题，本研究从相关理论及研究实际出发，提出以下研究假设。

首先，根据网络互动理论的观点（程莹等，2014；Walther & Bazarova，2008），个体网络攻击的出现与网络互动失败有关，失败的网络互动会导致个体间的心理亲近感被破坏，心理距离拉大，进而出现网络社会排斥，并引发网络攻击现象。据此，提出本研究的假设 H1~H2：

H1：网络社会排斥可以引发大学生出现网络攻击行为；

H2：网络社会排斥可以促使大学生内隐网络攻击性水平升高。

此外，本研究拟进一步采用交叉滞后的方法检验网络社会排斥是大学生网络攻击出现的原因，从而增强研究的生态效度。据此，提出本研究的假设 H3~H4：

H3：T1 网络社会排斥可以显著预测 T2 大学生网络攻击行为；

H4：T1 网络社会排斥可以显著预测 T2 大学生内隐网络攻击性。

然后，根据 I^3 理论的观点（Finkel，2014；Finkel et al.，2012；Finkel & Hall，2018；Finkel & Slotter，2009），网络社会排斥是刺激因素的主要根源，其为大学生道德推脱水平的升高及网络攻击的出现提供了促进力（Finkel & Hall，2018）。也就是说，大学生遭受网络社会排斥，会直接导致道德推脱水平升高，并进一步为大学生网络攻击行为的出现提供了动力能量（Finkel & Hall，2018）。于是，我们可以推导出大学生网络攻击行为的产生公式为：网络社会排斥→道德推脱→大学生网络攻击行为。据此，提出本研究的假设 H5~H6：

H5：道德推脱在网络社会排斥与大学生网络攻击行为间起中介

作用；

  H6：道德推脱在网络社会排斥与大学生内隐网络攻击性间起中介作用。

  同样的，本研究拟进一步采用交叉滞后的方法来考察道德推脱的纵向中介作用。据此，提出本研究的假设 H7~H8：

  H7：在网络社会排斥对大学生网络攻击行为的长期影响中，道德推脱起稳定的纵向中介作用；

  H8：在网络社会排斥对大学生内隐网络攻击性的长期影响中，道德推脱起稳定的纵向中介作用。

  此外，考虑到网络社会排斥、道德推脱及大学生网络攻击间的共变关系，本研究拟基于 I^3 理论的观点，并从各主变量增长参数变化的角度考察道德推脱增长参数的中介作用。于是，提出本研究的假设 H9~H10：

  H9：道德推脱的发展参数在网络社会排斥发展参数与大学生网络攻击行为发展参数间起中介作用；

  H10：道德推脱的发展参数在网络社会排斥发展参数与大学生内隐网络攻击性发展参数间起中介作用。

  最后，以往的追踪研究表明，我国青少年网络欺负、道德推脱具有不同的增长趋势（吴鹏等，2019），且道德推脱在初中生线下受欺负程度对网络欺负的纵向预测中起中介作用（王建发等，2018）。相关研究表明，内隐攻击性具有稳定的特点，其不随时间的变化而变化，即具有实体性的特点（Rattan & Dweck，2010）。然而，目前鲜有研究考察大学生网络社会排斥及内隐网络攻击性的纵向变化趋势，但根据生活实际，大学生在遭受网络社会排斥后，理论上其会随着时间的流逝而逐步减弱，不可能随着时间的流逝而逐步升高，同理，既然内隐攻击性具有实体性的特点，那么内隐网络攻击性源于内隐攻击性，也应当遵循这一原理。此外，随着方法学的日臻完善，增长混合模型成为解释同一群体内不同潜在类别组个体增长变化的差异和特点的模型（王孟成、毕向阳，2018）。换言之，在同一群体内，不同质的个体对于同一心理变量的程度和趋势也不相同，即它们分享不同的截距和斜率。据此，提出本研究的假设 H11~H14：

H11：大学生网络社会排斥随时间的增加而逐渐下降，且大学生网络社会排斥可以划分为不同的亚组，每个亚组间具有不同的增长轨迹；

H12：大学生网络攻击行为随时间的增加而逐渐升高，且大学生网络攻击行为可以划分为不同的亚组，每个亚组间具有不同的增长轨迹；

H13：大学生道德推脱随时间的增加而逐渐下降，且大学生道德推脱排斥可以划分为不同的亚组，每个亚组间具有不同的增长轨迹；

H14：大学生内隐网络攻击性不随时间的变化而变化，但大学生内隐网络攻击性可以划分为不同的亚组，每个亚组间具有不同的增长轨迹。

三　研究总体设计

为解决在第一章第四节第一部分内容中提出的问题，以及检验在第一章第四节第二部分内容中提出的 14 个研究假设，本研究拟从实验研究和追踪研究两个方面进行考察。具体来讲，实验研究共包括 3 个子研究，追踪研究共包括 6 个子研究（见图 1-2）。

实验研究的 3 个子研究包括如下几点：

（1）采用网络聊天实验范式，考察网络社会排斥对大学生网络攻击行为的影响；

（2）采用行为及眼动实验，考察网络社会排斥对大学生内隐网络攻击

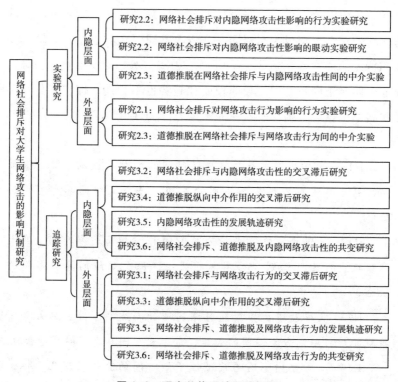

图 1-2 研究总体设计思路框架

性的影响；

（3）采用两水平被试内中介实验设计技术，考察道德推脱在网络社会排斥对大学生网络攻击影响的中介作用。

追踪研究的 6 个子研究包括如下几点：

（1）子研究 1 与子研究 2 均采用第 1 次、第 2 次的追踪数据，运用交叉滞后的统计方法，考察网络社会排斥与大学生网络攻击的因果联系；

（2）子研究 3 与子研究 4 均采用第 1~4 次的追踪数据，运用交叉滞后的统计方法，考察道德推脱在网络社会排斥与大学生网络攻击间的纵向中介作用；

（3）采用潜变量增长模型及增长混合模型，考察网络社会排斥、道德推脱及大学生网络攻击的增长趋势；

（4）采用多元潜变量增长曲线模型及平行发展模式的潜变量增长模型，考察网络社会排斥、道德推脱及大学生网络攻击之间的共变模式，以及道德推脱的增长参数在网络社会排斥与大学生网络攻击增长参数间的纵向中介作用。

第二章 网络社会排斥对大学生网络攻击影响的实验研究

第一节 网络社会排斥对大学生网络攻击行为影响的实验研究

一 引言

网络社会排斥是指在非面对面的网络虚拟互动交流的过程中，个体在可接受的时间范围内没有得到所预期的对方的回复、交流或认可，从而导致个体出现负性情绪的现象（童媛添，2015）。网络社会排斥是现实社会排斥在虚拟网络空间中的具体体现。现实社会排斥的研究范式主要包括拒绝范式、放逐范式等，以往的实验研究表明，遭受现实社会排斥会导致个体出现愤怒、拒绝、怀疑等不良情绪反应，也会导致个体不确定性增加，社会排斥是个体主动攻击行为及冒险行为的显著预测因素（Lawrence et al.，2011；Shen et al.，2019；Svetieva et al.，2016）。然而，目前关于网络社会排斥的实验研究明显匮乏，这是目前尚未开发出有效的能在实验室情境下引发个体产生网络社会排斥的实验范式所致。因此，本研究旨在结合我国互联网发展状况，在参考已有实验范式的基础上（如 O-Cam 范式），开发出适合我国研究者使用的具有较高生态效度的网络聊天范式，进而探讨在实验室内如何成功引发大学生出现网络社会排斥体验。

此外，按照网络互动理论的观点，由于网络本身及个体自身的一些原因，个体在与其他人正常交流的时候，可能会出现信息发送与接收的延误，这会导致个体间的心理亲近感被破坏，进而出现网络社会排斥现象，甚至引发网络攻击行为（程莹等，2014；Walther & Bazarova，2008）。以往的问卷研究表明，社会排斥会导致大学生出现网络偏差行为，网络社会排斥是导致大学生出现网络攻击行为的主要原因之一（金童林等，2019a；朱黎君等，2020）。然而，横断研究从逻辑上证明了网络社会排斥是大学生出现网络攻击行为的前因，却无法从时间先后顺序上证明这一因果关系成立的合理性。因此，本研究拟在实验室环境下，探讨大学生网络社会排斥对网络攻击行为的影响机制。于是，提出本研究的假设 H1：网络社会排斥可以引发大学生出现网络攻击行为。

二 方法

（一）被试

采用随机抽样法，选取 60 名身体健康的大学本科生为研究被试，其中，男生 24 人、女生 36 人。实验之前，研究者与每个被试都签了《知情同意书》。被试均不知道实验的真实目的，实验结束之后，被试获得 15 元的报酬。

（二）实验设计及过程

（1）实验设计

采用 2（组别：低网络社会排斥组/高网络社会排斥组）×2（性别：男/女）完全随机实验设计，实验范式是网络聊天范式。

（2）网络聊天实验材料的编制

本研究采用网络聊天范式。网络聊天范式中使用的聊天实验的材料是由研究者根据半结构化访谈以及现场实验所得出的结果编制而成。实验材料编制过程主要包括三步。

首先，研究者对 12 名大学本科新生通过半结构化访谈，了解大学生在与陌生的网友接触时主要的聊天内容。访谈结果发现，大学生与陌生网友初次接触聊天的话题主要包括兴趣爱好、家乡特色、学习方法以及明星八卦。然后，由 4 名主试各建一个 QQ 群，再将随机招募来的 8 名被试分别拉进群，每 2 个被试加 1 个主试组成一个群。

其次，由主试开始自我介绍，引发群内的聊天。聊天过程持续 20 分钟，在主试引发聊天后，主试在群里对 2 位被试的聊天只做附和，但从不主动挑起话题。聊天结束后，研究者对这 4 组的聊天内容进行了整合，形成了网络聊天范式的实验材料。这些材料的内容主要包括自我介绍、家乡特色、学习情况三个方面。

最后，聘请 10 名网络心理学专家对网络聊天实验材料的内容效度进行评价。结果发现：10 名网络心理学专家在内容效度的评价选项中的选择具有显著性差异，其中选择选项"聊天内容无代表性"的专家有 1 人，选择选项"不确定"的专家有 1 人，选择选项"聊天内容非常具有代表性"的专家有 7 人，选择选项"聊天内容有一点代表性"的专家有 1 人。卡方检验发现，10 名网络心理学专家的选择差异显著（$\chi^2_{(3)}$ = 14.80，$p<0.01$，C = 0.77），于是，可以认为，本研究的网络聊天实验材料具有较高的内容效度，可以进一步作为本研究网络聊天实验的材料。

（3）网络攻击行为的测量

真被试对假被试网络聊天头像的评价是因变量的指标。当实验结束后，将两位假被试的聊天头像通过手机呈现给真被试，然后询问假被试："呈现在您面前的是刚才与您聊天的两位同学的头像，您现在意图攻击他们的程度有多大？"并要求真被试做出相应的选择。询问被试的条目是研究者基于以往的研究以及本研究的目的所编制，主要用于测量被试在遭受网络社会排斥后的攻击性程度。这些条目请 18 名心理学研究生（4 名博士生，14 名硕士生）进行了内容效度的评定（1＝完全不能测量网络攻击行为，5＝完全可以测量网络攻击行为），结果发现，18 名心理学研究生做出的选择均为"4"或"5"（M = 4.67，SD = 0.49），且这些条目的 alpha 系数为 0.83，说明这些题目可以用于测量大学生网络攻击行为。网络聊天头像是从卡通网站选择的中性头像，首先由研究者初选 6 个中性头像，经过 6 位心理学硕士生评定，选出得分较高的 2 个中性的卡通头像作为两位假被试的聊天头像（M_1 = 4.40，M_2 = 4.60）。同时，为了防止选择的 2 个头像具有攻击性，从而引发被试的攻击情绪，研究者请 23 名心理学硕士生对这 2 个头像的攻击程度做了严格的评定。结果发现：对于其中一个中性头像，有 13 名心理学硕士生选择"完全没有攻击性"，10 名心理学硕士生选择"没有攻击性"，0 名心理学硕士生选择"不确定"、"非常有攻击性"及"有一点攻击性"，卡方检验差异显著（$\chi^2_{(4)} = 35.48$，$p < 0.01$，$C = 0.78$）；对于另外一个中性头像，有 8 名心理学硕士生选择"完全没有攻击性"，12 名心理学硕士生选择"没有攻击性"，1 名心理学硕士生选择"不确定"，0 名心理学硕士生选择"非常有攻击性"，2 名心理学硕士生选择"有一点攻击性"，卡方检验差异显著（$\chi^2_{(4)} = 23.30$，$p < 0.01$，$C = 0.71$）。于是，可以认为，23 名心理学硕士生的选择具有差异，即选择的 2 个中性卡通头像不带有攻击性，可以进行下一步的实验。

（4）实验过程

①实验准备过程。首先，每个实验过程需要 3 名被试，其中一名是真被试，两名是假被试，真被试与另外两名假被试均不认识。两名假被试的实验头像均选择经过严格评定的中性人物的卡通头像，用于实验结束后网络攻击性的测量。实验开始前，为排除被试网络聊天经验的影响，主试测量了被试平时在社交网站上的聊天频率（1 = 每天在社交网站上聊天不到 30 分钟，2 = 每天在社交网站上聊天在 30~60 分钟，3 = 每天在社交网站上聊天在 1~3 小时，4 = 每天在社交网站上聊天超过 3 小时），只有选择"1"的被试方可进入下一步的实验环节，选择其他选项的不能作为本研究的被试。

实验开始时，首先，由主试告诉真被试这是一个网络语言的实验，实验大约持续 10 分钟，并要求被试不得在中途离开实验室；其次，主试将另外两名假被试从另外的一间实验室叫过来，并让他们分别加为 QQ 好友，并让其中一个假被试建立一个 QQ 聊天群；最后，建好群之后，两位假被试及真被试分别去三间独立的实验室进行实验。

②实验处理过程。聊天的内容是之前经过网络心理学专家评定的网络聊天实验材料。聊天开始时，高网络社会排斥组的被试接受排斥的操纵。按照已设计好的网络聊天实验材料，两位假被试开始相互介绍自己，介绍

完之后，两位假被试与真被试互动，并要求真被试做自我介绍，还要用聊天符号"@"，以增强真被试的互动感，这样互动持续 1 分钟，在这 1 分钟内，真被试的各种问题都能得到假被试的回复。1 分钟以后，两位假被试按照设计好的网络聊天实验材料，相互询问各自的学习情况，家乡特色等，而对于真被试的回答及提问一概忽略。如果真被试在他们聊天过程中插入话题，两位假被试均不回复，也不搭话，而是相互聊各自感兴趣的话题，全部忽略真被试的话题，这样的过程持续约 4 分钟。5 分钟之后，为了加强真被试被排斥的体验，两位假被试相互之间可以用特定的符号"@"，而对于真被试所有的回答或者提问一概忽略，也从不给真被试用符号"@"，这样的聊天再持续 5 分钟。

聊天过程中，为了防止真被试退群或者不说话，实验前要求被试在群里必须问若干问题：如"群里的两人英语四级考多少分？未来是否准备考研？是否去过东北旅游？"等。10 分钟之后，建群的假被试将真被试踢出群，聊天结束。最后，主试要求真被试评定意图攻击刚才聊天的两名假被试的中性实验头像的程度。评定完毕之后，要求被试填写《正性负性情感量表》和《网络社会排斥体验问卷》。

同样的，低网络社会排斥组的被试接受接纳的操作。整个实验过程同高网络社会排斥组，只不过三人在建群相互了解之后，两位假被试对真被试的回答和提问均做回应，持续 5 分钟后，使用特定的聊天符号"@"来与真被试进行互动，从而加强真被试被接纳的体验，使用聊天符号"@"持续时间 5 分钟。聊天过程中，为了防止真被试不说话，实验前要求被试在群里问若干问题：如"群里的两人大学几年级了？喜欢看哪些电影？买东西用哪款 APP 比较省钱？"等。10 分钟之后，聊天结束，假被试友好地将群解散。结束后，主试要求真被试评定意图攻击刚才聊天的两名假被试的中性实验头像的程度。评定完毕之后，要求被试填写《正性负性情感量表》和《网络社会排斥体验问卷》。

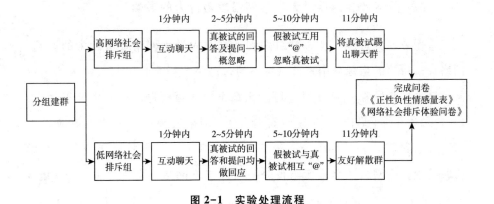

图 2-1　实验处理流程

三　结果

（一）网络聊天实验任务的有效性检验

网络聊天实验任务的有效性是本研究成功的关键。本研究采用的是完全随机实验设计，60 名被试被随机分为两组，一组为低网络社会排斥组，聊天过程中接受接纳操作；另一组为高网络社会排斥组，聊天过程中接受排斥操作。聊天结束后，两组被试分别被要求填写《正性负性情感量表》和《网络社会排斥体验问卷》。因此，对两组被试的正性情感得分、负性情感得分及网络社会排斥体验得分进行独立样本的 t 检验，结果发现，两组被试在这 3 个变量得分上均具有显著差异（$t=-2.98$、3.01、14.24，$p<0.01$、0.01、0.001），且效应量均为大效应（结果见表 2-1）。于是，可以认为，本研究中网络聊天实验任务的操纵是有效的。

表 2-1　网络聊天实验任务操纵有效性的 t 检验表　（$M\pm SD$）

	高网络社会排斥组	低网络社会排斥组	t	Cohen's d
正性情感	24.23±8.21	30.28±7.33	-2.98**	-0.78
负性情感	18.63±6.07	14.55±4.13	3.01**	0.78
网络社会排斥体验	22.80±4.69	10.20±1.24	14.24***	3.68

注：** $p<0.01$，*** $p<0.001$。

（二）网络社会排斥对大学生网络攻击行为的影响

采用方差分析进一步考察组别和性别对大学生网络攻击行为的影响。网络攻击行为的指标采用真被试意图通过网络手段来攻击与其聊天的两位假被试中性头像程度的总和（每个头像下设 3 道题目，均采用五点计分：1 = "完全不符合"，5 = "完全符合"）。结果发现：组别的主效应显著（$F_{(1, 56)} = 35.36$，$p < 0.001$，$\eta_p^2 = 0.39$，$1 - \beta = 1.00$），采用 LSD 法进行事后检验发现，高网络社会排斥组得分显著高于低网络社会排斥组（$I_{高} - J_{低} = 8.42$，$p < 0.001$，$Cohen's\ d = 1.61$）；性别的主效应不显著（$F_{(1, 56)} = 0.01$，$p > 0.05$，$\eta_p^2 \approx 0$，$1 - \beta = 0.05$）；组别与性别的交互效应不显著（$F_{(1, 56)} = 0.17$，$p > 0.05$，$\eta_p^2 = 0.003$，$1 - \beta = 0.07$）。于是，可以认为，大学生遭受网络社会排斥后会导致网络攻击行为的产生，且这种产生不受性别制约。

表 2-2　大学生网络攻击行为的描述性统计（$M \pm SD$）

	男生	女生
高网络社会排斥组	15.42±7.75	15.89±6.97
低网络社会排斥组	7.59±2.19	6.89±2.08

四　讨论

网络聊天实验材料的编制从半结构化访谈、加群实验、聊天内容整合以及最终实验材料的评定，都经过了心理测量学有关指标严格的评价。同时，本研究网络聊天实验任务有效性检验的结果也表明，网络聊天实验任务的操纵是有效的，这也从侧面反映了聊天材料具有较高的内容效度。与以往关于社会排斥的研究范式相比，本研究的实验范式至少具有三个特点。第一，易操作。本研究使用的各种材料都容易获得（如聊天软件 QQ），取材方便，对主试及被试的要求不高，实验流程简单，在任何地点都可以进行实验，获得的实验结果较稳定。第二，操纵形式固定。以往操纵排斥的实验范式（如网络掷球范式、回忆范式、孤独终老范式等）很难区分操纵出来的结果是现实社会排斥还是网络社会排斥，这些范式操纵后的结果往往是这两种排斥形式的综合，这会严重污染研究结果，影响实验的内部效度，而本实验范式有效地避免了被试间的相互接触，只通过网络聊天的形式来引发排斥体验，这样引发出的排斥体验只能是网络社会排斥，并不受现实社会排斥的干扰，从而更进一步地保证了研究结果的真实性和可靠性。第三，量化精确。在实验过程的量化方面，研究者参考了O-Cam范式的量化过程（Goodacre & Zadro, 2010），同时也做了一定的改编，从而使本研究范式的量化更精确，引发的排斥体验更强烈。本实验范式的量化主要有四点：其一，为避免真被试可能会感到与"机器人"聊天，假被试在 1 分钟以内回复真被试的任何问答，从而让真被试感到与之聊天的是真人；其二，在 2~5 分钟，两位假被试并不回复真被试的任何问题；其三，在 5~10 分钟，两位假被试相互使用聊天符号"@"，从而增强真被试的被排斥体验；其四，在 10 分钟后，将真被试踢出群，从而更进一步增强真被试的排斥体验。而对于低网络社会排斥组，为了保证真被试感到低水平的排斥，研究者在 1~5 分钟，对于真被试的问答给予积极回复；在 5~10 分钟，为了增强接纳的程度，在两位假被试与真被试互动的过程中均使用聊天符号"@"，从而保证了真被试接受低水平的网络社会排斥。因此，这四步量化处理过程进一步保证了实验过程的有效性，保证了本实验范式较高的内部效度，从而使实验获得更稳定的结果。因此，本研究为未来的相关研究提供了成熟的研究范式。

　　本研究发现，大学生网络攻击行为的性别主效应不显著，组别的主效应显著，性别与组别的交互效应不显著，这验证了本研究的假设 H1。这说明网络社会排斥是引发大学生产生网络攻击行为的原因之一，大学生在遭受网络社会排斥后，会进一步采取网络攻击的方式来释放这种不良的情绪，同时，不显著的性别主效应说明了大学生遭受网络社会排斥后，这种排斥体验是相通的，与性别是无关的，而且由于网络社交空间的匿名性特点，这就导致大学生的本我水平升高，超我水平降低，这无论对于男大学生还是女大学生，只要在虚拟的交流空间有排斥自己的人，这些大学生都会出现不同程度的网络攻击行为。此外，本研究的结果也从侧面证明了网络互动理论的观点（程莹等，2014；Walther & Bazarova，2008），在高网络社会排斥组，由于两位假被试在互动过程中选择性忽略真被试，这就导致真被试与两位假被试之间的心理距离增大，心理亲近感被破坏，进而引发网络攻击行为，而对于低网络社会排斥组的被试，因为真被试与两位假被试互动程度很高，所以他们之间的心理距离很近，心理亲近感也较高，因而很少出现网络攻击行为。

五　结论

（1）网络聊天实验范式具有较高的内容效度，可以用于未来有关网络社会排斥的实验研究。

（2）网络社会排斥是导致大学生网络攻击行为出现的原因之一，且大学生网络攻击行为不具有性别差异。

第二节　网络社会排斥对大学生内隐
网络攻击性影响的实验研究

一　引言

内隐网络攻击性是本研究提出的概念，是指个体在使用网络的过程中，由于被动地接触到网络中的消极刺激而在无意识的状态下产生的对他人具有攻击性的心理特性。内隐网络攻击性是对内隐攻击性的拓展和深化，是个体在使用网络过程中出现的内隐攻击性的具体反应。以往的研究主要集中于内隐攻击性的研究，相关研究表明，个体内隐攻击性高低与暴力材料接触（田媛等，2011a）、负性情绪（Zhang & Zhang，2015）、人格特质（王玉龙、钟振，2015）、家庭环境（刘同，2015）等有关，也有研究表明，在社会排斥情境下，个体的内隐攻击性更强（郭冰冰，2014）。然而，由于内隐网络攻击性是内隐攻击性在网络中的衍生，其具有内隐攻击性的特点，但也有一定的差别。对于内隐网络攻击性的特点，以及在遭受网络社会排斥的情境下，是否也能引发大学生产生较高水平的内隐网络攻击性，这在以往的研究中并没有进行深入的探讨。于是，本研究提出假设H2：网络社会排斥可以促使大学生内隐网络攻击性水平升高。此外，以往对于内隐攻击性的研究主要采用内隐联想测验法、条件推理测验及词干补笔测验等，但这些基于实验的研究方法，对于个体内隐网络攻击性影响因素无从查考，也就限制了内隐网络攻击性的研究范围。

因此，本研究基于以往的研究，主要考察两个问题。其一，运用词干补笔测验的优势，编制《内隐网络攻击性词干补笔测验问卷》，进而拓展内隐网络攻击性的研究范围和领域。另外，编制有效的测量工具是对大学生内隐网络攻击性稳定特征的量化考察的必要手段，也可以为未来的相关研究提供测评工具。其二，采用行为实验和眼动实验来探讨网络社会排斥对大学生内隐网络攻击性产生的影响。

二 方法

（一）被试

采用随机抽样法，选取 48 名身体健康的大学本科生为研究被试，1 人中途因急事离开，故实际参加实验的被试共 47 人，其中，男生 22 人，女生 25 人。实验之前，研究者与每个被试都签了知情同意书。被试均不知实验的真实目的，实验结束后，被试获得 20 元的报酬。

（二）实验设计及过程

（1）实验设计

①行为实验：采用 2（组别：低网络社会排斥组/高网络社会排斥组）×2（性别：男/女）完全随机实验设计，实验范式是网络聊天。

②眼动实验：采用 3（材料类型：攻击者/被攻击者/中性人物）×2（组别：低网络社会排斥组/高网络社会排斥组）的混合实验设计。其中，材料类型为被试内变量，组别为被试间变量。

（2）实验流程

首先，将被试随机分组后，采用网络聊天范式进行实验处理；其次，聊天结束后，要求被试填写《内隐网络攻击性词干补笔测验问卷》、《正性负性情感量表》及《网络社会排斥体验问卷》；最后，完成眼动实验。具体流程如图 2-2 所示。

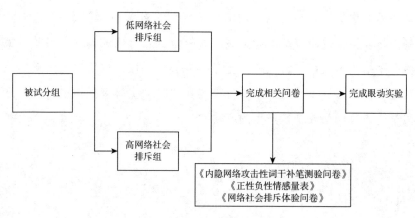

图 2-2　实验处理流程

（3）内隐网络攻击性的测量

① 行为实验指标

内隐网络攻击性的测量采用《内隐网络攻击性词干补笔测验问卷》，当被试选中的字是代表内隐网络攻击性的词语时（目标词），得 1 分，当选中其他的字时（干扰词、中性词）不得分，最后求出被试选择目标词的总分，即为本研究因变量指标得分。被试得分越高，说明其内隐网络攻击性越强。

《内隐网络攻击性词干补笔测验问卷》由研究者参考《青少年内隐攻击性词干补笔测验》（田媛，2009）自行编制。编制的过程分为 4 步。

首先，随机选取 50 名（男生 31 人，女生 19 人）大学本科生进行半结构化访谈，主要内容是让这些大学生回忆其在平时使用网络的过程中遇到的"威胁""攻击""谩骂"等含有攻击性的网络词语。研究者根据回忆的结果对内隐网络攻击性的词语进行频数分析，共提取频数 2 次及以上的网络攻击性词语 24 个。

其次，随机选取 15 名大学本科生对这 24 个词语进行熟悉性的打分（1＝极不熟悉，4＝非常熟悉）。根据打分结果，删除总分小于 30 分的词语9 个。

再次，由 17 名心理学专业人员（1 名教授、1 名副教授、4 名讲师、6 名心理学博士生及 5 名心理学硕士生）对剩余的 15 个网络攻击性词语进行内容效度的检验（1＝"完全不能测量内隐网络攻击性"，5＝"完全可以测量内隐网络攻击性"）。检验结果表明，内隐网络攻击性词语的 alpha 系数为 0.77，说明本研究筛选的内隐网络攻击性词语可以用来测验大学生内隐网络攻击性，这些筛选的词语是本研究的目标词。

从《现代汉语常用词词频词典》（刘源，1990）挑选出与目标词能相互组词的高频词，这些高频词中的一个字与目标词中的一个字相同，将高频词分为两组，一组是干扰词，一组是中性词。

最后，形成完整的《内隐网络攻击性词干补笔测验问卷》。给被试的问卷中，呈现的是目标字和探测字。探测字与目标字中的任意一个字均能组成词语（目标词、干扰词、中性词）。施测过程中，目标字以拉丁方的形式呈现，以降低空间误差。被试在拿到问卷后，要求从备选的 3 个目标字中选择一个字，可以与探测字组成词语，但并不知道实验的真实目的。

例：探测字：　躺（　）

目标字：　1. 枪（目标词）　2. 尸（干扰词）　3. 卧（中性词）

② 眼动实验指标

眼动仪：本研究使用的眼动仪为 SR Research 公司生产的 Eyelink 1000plus，采样率为 1000 次/秒。呈现材料使用的是 14 英寸的 DELL 显示器，分辨率为 1024×768，刷新率为 150HZ。

实验流程：当被试完成行为实验后，主试要求被试进入眼动实验室，并完成眼动实验。每个被试在相对安静的实验环境中单独施测，被试进入实验室后，首先调整到最舒服的坐姿，然后把下颌放在眼动仪的下托上。实验开始前在显示屏上呈现指导语，被试理解完指导语后对眼睛进行校准。然后开始呈现实验指导语，当被试理解指导语后，按键进行实验。实验以图片的形式呈现，每张图片呈现 5000 毫秒。整个实验大约持续 10 分钟。

实验材料制作：首先，借鉴杨治良等（1997）及周颖和刘俊升（2009）研究内隐攻击性的方法，从卡通网站选择一些具有攻击性、被攻击性及无攻击性的卡通人物图片，共 132 张；其次，聘请 6 位心理学博士生、4 位心理学硕士生对选择的 132 张卡通人物图片进行分类，只有当 10 位心理学专家的意见一致时（如评价第 1 张卡通人物图片时，所有专家均认为是攻击者），该图片方可作为最终的实验图片；最后，经过严苛评定，共有 12 张图片作为实验的最终使用材料，12 张图片中攻击者、被攻击者及中性人物图片均为 4 张，然后随机抽取这 3 类图片中的任一图片合成一张大图片，这张图片包含了攻击者、被攻击者和中性人物三个并排呈现的人物形象，每张合成图片大小为 1048×768 像素。为排除顺序效应，每类人物形象均在左、中、右各出现一次。根据以往的研究，内隐网络攻击性眼动实验的因变量选取瞳孔大小、总注视次数以及注视持续时间 3 项指标（周颖，2007），在划分兴趣区的时候，分别划分这 3 个兴趣区为攻击者、被攻击者及中性人物，最后将不同兴趣区内的 3 个指标加和导出到 Excel 表中进行计算。换言之，被试关注这 12 张图片不同兴趣区时，其瞳孔大小总和、总注视次数总和以及注视持续时间总和为本研究的因变量。

三　结果

（一）网络聊天实验任务的有效性检验

对本研究中两组被试的正性情感得分、负性情感得分及网络社会排斥体验得分进行独立样本 t 检验，结果发现，两组被试在这 3 个变量得分上均具有显著差异（$t=-3.05$、3.67、17.11，$p<0.01$、0.01、0.001），且效应量均为大效应（结果见表 2-3）。于是，可以认为，在本研究中，网络聊天实验任务的操纵是有效的，可以进行下一步的实验。

表 2-3 网络聊天实验任务操纵有效性的 t 检验（$M \pm SD$）

	高网络社会排斥组	低网络社会排斥组	t	$Cohen's\ d$
正性情感	22.95±8.01	29.96±7.97	-3.05 **	-0.89
负性情感	19.80±5.89	14.30±4.19	3.67 **	1.07
网络社会排斥体验	24.04±3.64	10.21±1.34	17.11 ***	4.99

注：** $p<0.01$，*** $p<0.001$。

（二）网络社会排斥对大学生内隐网络攻击性的影响

（1）行为实验结果

采用方差分析进一步考察组别和性别对大学生内隐网络攻击性的影响。内隐网络攻击性的测量采用被试选择目标词的总分。多因素方差分析结果发现：组别的主效应显著（$F_{(1,\ 43)} = 49.37$，$p<0.001$，$\eta_p^2 = 0.45$，$1-\beta = 1.00$），采用 LSD 法进行事后检验发现，高网络社会排斥组得分显著高于低网络社会排斥组（$I_{高} - J_{低} = 2.06$，$p<0.001$，$Cohen's\ d = 1.74$）；性别的主效应不显著（$F_{(1,\ 43)} = 1.05$，$p>0.05$，$\eta_p^2 = 0.02$，$1-\beta = 0.17$）；组别与性别的交互效应不显著（$F_{(1,\ 43)} = 2.13$，$p>0.05$，$\eta_p^2 = 0.05$，$1-\beta = 0.30$）。于是，可以认为，大学生遭受网络社会排斥后会显著引发内隐网络攻击性的升高，但这种引发并不受性别的影响。

此外，作为内隐网络攻击性测量指标目标词选择的对照，本研究对被试选择干扰词和中性词的结果做了进一步分析处理。其中，以中性词结果为因变量的方差分析表明，组别的主效应不显著（$F_{(1,\ 43)} = 0.83$，$p>0.05$，$\eta_p^2 = 0.02$，$1-\beta = 0.15$）；性别的主效应不显著（$F_{(1,\ 43)} = 1.01$，$p>0.05$，$\eta_p^2 = 0.02$，$1-\beta = 0.17$）；组别与性别的交互效应不显著（$F_{(1,\ 43)} = 0.12$，$p>0.05$，$\eta_p^2 = 0.003$，$1-\beta = 0.06$）。以干扰词结果为因变量的方差分析表明，组别的主效应不显著（$F_{(1,\ 43)} = 2.80$，$p>0.05$，$\eta_p^2 = 0.06$，$1-\beta = 0.37$）；性别的主效应不显著（$F_{(1,\ 43)} = 0.05$，$p>0.05$，$\eta_p^2 = 0.001$，$1-\beta = 0.06$）；组别与性别的交互效应不显著（$F_{(1,\ 43)} = 0.15$，$p>0.05$，$\eta_p^2 = 0.003$，$1-\beta = 0.07$）。结合被试选择目标词的结果可以看出，本研究的内隐网络攻击性

的测量是成功的，实验处理达到了预期效果，大学生遭受网络社会排斥后，会导致内隐网络攻击性水平的升高，但不会影响干扰词和中性词的选择。具体描述性统计信息见表2-4。

表2-4　大学生对三种词选择的描述性统计表 （*M±SD*）

	目标词		中性词		干扰词	
	男性	女性	男性	女性	男性	女性
高网络社会排斥组	2.36±1.29	3.23±1.59	3.36±1.21	2.92±0.95	3.09±1.14	2.84±1.34
低网络社会排斥组	0.82±0.87	0.67±0.77	3.55±1.44	3.33±0.78	2.28±1.01	2.33±1.78

（2）眼动实验结果

采用重复测量方差分析考察材料类型和组别对大学生内隐网络攻击性的影响。内隐网络攻击性眼动实验的因变量选取被试观看12张图片的瞳孔大小总和、总注视次数总和以及注视持续时间总和3个指标。

①以瞳孔大小总和为因变量指标，重复测量方差分析结果发现：组别的主效应显著（$F_{(1, 21)} = 5.15$，$p < 0.05$，$\eta_p^2 = 0.20$，$1-\beta = 0.58$），采用 LSD 法进行事后检验发现，高网络社会排斥组瞳孔显著大于低网络社会排斥组（$I_{高} - J_{低} = 6691.33$，$p < 0.05$，*Cohen's d* $= 3.21$）；材料类型的主效应显著（$F_{(2, 42)} = 4.68$，$p < 0.05$，$\eta_p^2 = 0.19$，$1-\beta = 0.76$），采用 LSD 法进行事后检验发现，被试观看攻击者图片的瞳孔显著大于观看中性图片及被攻击者图片的瞳孔（$I_{攻击者} - J_{中性} = 2138.01$，$p < 0.05$，*Cohen's d* $= 1.40$；$I_{攻击者} - J_{被攻击者} = 1523.22$，$p < 0.05$，*Cohen's d* $= 1.12$），观看被攻击者图片的瞳孔显著大于观看中性图片的瞳孔（$I_{被攻击者} - J_{中性} = 1539.76$，$p < 0.05$，*Cohen's d* $= 1.01$）；组别与材料类型的交互效应显著（$F_{(2, 42)} = 3.68$，$p < 0.05$，$\eta_p^2 = 0.15$，$1-\beta = 0.53$），简单效应分析表明，在高网络社会排斥组，被试观看不同材料类型的瞳孔大小变化具有显著差异（$F_{(2, 42)} = 8.71$，$p < 0.001$，$\eta_p^2 = 0.24$）；在观看攻击者图片时，高网络社会排斥组与低网络社会排斥组被试的瞳孔大小变化具有显著差异（$F_{(1, 21)} = 7.61$，$p < 0.05$，*Cohen's d* $= 3.90$）。具体描述性统计见表2-5。

表 2-5 瞳孔大小的描述性统计表（$M \pm SD$）

	攻击者图片	被攻击者图片	中性图片
高网络社会排斥组	30315.70±8931.13	29162.13±8761.21	26275.65±9081.72
低网络社会排斥组	21986.12±4698.71	21943.20±5497.33	21750.16±4916.14

②以总注视次数总和为因变量指标，重复测量方差分析结果发现：组别的主效应显著（$F_{(1, 21)} = 8.05$，$p < 0.01$，$\eta_p^2 = 0.28$，$1-\beta = 0.77$），采用 LSD 法进行事后检验发现，高网络社会排斥组的总注视次数显著多于低网络社会排斥组（$I_{高}-J_{低} = 20.71$，$p < 0.01$，$Cohen's\ d = 4.01$）；材料类型的主效应显著（$F_{(2, 42)} = 4.75$，$p < 0.05$，$\eta_p^2 = 0.19$，$1-\beta = 0.60$），采用 LSD 法进行事后检验发现，被试观看攻击者图片的总注视次数显著多于观看中性图片的总注视次数（$I_{攻击者}-J_{中性} = 19.50$，$p < 0.05$，$Cohen's\ d = 1.02$），观看被攻击者图片的总注视次数显著多于观看中性图片的总注视次数（$I_{被攻击者}-J_{中性} = 14.01$，$p < 0.001$，$Cohen's\ d = 2.85$）；组别与材料类型的交互效应显著（$F_{(2, 42)} = 5.17$，$p < 0.01$，$\eta_p^2 = 0.21$，$1-\beta = 0.80$），简单效应分析表明，在高网络社会排斥组，被试观看材料类型的总注视次数具有显著差异（$F_{(2, 42)} = 9.88$，$p < 0.001$，$\eta_p^2 = 0.32$）；在观看攻击者图片时，高网络社会排斥组与低网络社会排斥组的总注视次数具有显著差异（$F_{(1, 21)} = 13.86$，$p < 0.01$，$Cohen's\ d = 5.27$）；在观看中性人物图片时，高网络社会排斥组与低网络社会排斥组的总注视次数也具有显著差异（$F_{(1, 21)} = 128.19$，$p < 0.01$，$Cohen's\ d = 3.35$）。具体描述性统计信息见表 2-6。

表 2-6 总注视次数的描述性统计表（$M \pm SD$）

	攻击者图片	被攻击者图片	中性图片
高网络社会排斥组	97.33±32.63	78.08±28.64	57.25±25.02
低网络社会排斥组	53.73±21.96	62.00±15.50	54.82±22.18

③以注视持续时间总和为因变量指标，重复测量方差分析结果发现：组别的主效应不显著（$F_{(1, 21)} = 1.83$，$p > 0.05$，$\eta_p^2 = 0.08$，$1-\beta = 0.25$）；材料类型的主效应显著（$F_{(2, 42)} = 7.61$，$p < 0.01$，$\eta_p^2 = 0.27$，$1-\beta = 0.93$），采

用 LSD 法进行事后检验发现，被试观看攻击者图片的注视持续时间显著大于观看被攻击者图片的注视持续时间（$I_{攻击者} - J_{被攻击者} = 1603.90$，$p = 0.05$，$Cohen's\ d = 1.78$），观看攻击者图片的注视持续时间显著大于观看中性图片的注视持续时间（$I_{攻击者} - J_{中性} = 3252.48$，$p < 0.05$，$Cohen's\ d = 3.11$），观看被攻击者图片的注视持续时间显著大于观看中性图片的注视持续时间（$I_{被攻击者} - J_{中性} = 1648.58$，$p < 0.05$，$Cohen's\ d = 1.60$）；组别与材料类型的交互效应显著（$F_{(2,\ 42)} = 13.16$，$p < 0.001$，$\eta_p^2 = 0.39$，$1-\beta = 1.00$），简单效应分析表明，在高网络社会排斥组，被试观看不同材料类型的注视持续时间具有显著差异（$F_{(2,\ 42)} = 21.32$，$p < 0.001$，$\eta_p^2 = 0.48$）；在观看攻击者图片时，高网络社会排斥组与低网络社会排斥组的注视持续时间具有显著差异（$F_{(1,\ 21)} = 12.73$，$p < 0.01$，$Cohen's\ d = 5.05$）。具体描述性统计信息见表2-7。

表2-7　注视持续时间的描述性统计表（$M \pm SD$）

	攻击者图片	被攻击者图片	中性图片
高网络社会排斥组	23917.33±5118.24	20280.17±5483.64	16387.83±6584.84
低网络社会排斥组	17354.54±3458.87	17783.91±2069.27	18379.09±4136.75

四　讨论

本研究通过参考田媛（2009）编制的《青少年内隐攻击性词干补笔测验》而开发出《内隐网络攻击性词干补笔测验问卷》，进而对大学生内隐网络攻击性的特点进行了初步研究。问卷编制过程中首先进行了半结构化访谈，而后聘请专业人员对问卷的内容效度进行了检验，最后通过筛选干扰词和中性词，进一步确保了该问卷测量大学生内隐网络攻击性的效度。本研究所使用组词任务中的各类目标词，均来源于网络，也是网络环境下的常用语，这进一步保证了这些词语所测量的内容是内隐网络攻击性，而非内隐攻击性。此外，以往关于内隐攻击性的研究主要借助实验法，受测量方法和测量工具的限制，研究者并没有关注内隐攻击性的纵向变化。本问卷基于以往研究的不足，开发出的《内隐网络攻击性词干补笔测验问卷》，可以对个体内隐网络攻击性进行细致的考察，也进一步为未来内隐网络攻击性的研究开辟新的范式，同时也能为以往关于内隐攻击性的理论之争提供新的证据，具有很强的现实意义，同时这也是本研究的创新之一。此外，本研究在眼动实验的过程中，借鉴杨志良等（1997）及周颖和刘俊升（2009）研究内隐攻击性的方法，从卡通网站选择一些具有攻击性、被攻击性及无攻击性的卡通人物，专家进行严格的评定后成为研究内隐网络攻击性的实验材料，这一研究范式是对前人研究的继承，也是开拓和创新。在实验过程中，被试分别接受不同水平的网络社会排斥，这确保了实验处理是被试的内隐网络攻击性水平升高的直接原因，即被试的内隐网络攻击性水平的升高是来自网络社会排斥，而非现实社会排斥，有效排除了现实社会排斥带来的虚假效应。网络聊天实验结束后，研究者不仅要求被试填写《内隐网络攻击性词干补笔测验问卷》，而且选用一些眼动指标来衡量被试的内隐网络攻击性水平。结果发现，本研究的行为实验结果与眼动实验结果相互验证，相互补充，这确保了本研究所测量被试的内隐网络攻击性水平具有较高的可信度，也进一步弱化了内隐攻击性所带来的影响。

本研究的行为实验发现，大学生内隐网络攻击性组别的主效应显著，高网络社会排斥组得分显著高于低网络社会排斥组，这验证了本研究的假设 H2。这一方面说明了网络聊天实验的设计是成功的，另一方面也说明了大学生遭受网络社会排斥后，其内隐网络攻击性也会随之升高，且这一实验结果与中性词和干扰词选择的实验结果形成鲜明对比，更加强有力地证明了本研究实验处理的有效以及词干补笔测验问卷编制的成功，可以作为未来相关研究可靠的测量工具。然而，性别的主效应及性别与组别的主效应均不显著，这与周颖和刘俊升（2009）的研究相对一致，这说明个体的内隐网络攻击性是一种普遍的特性，这种特性在不同的刺激条件下，会被不同程度的激活，进而影响个体的后续状态和行为。同时，本研究的眼动实验也证明了假设 H2，本研究以瞳孔大小、总注视次数及注视持续时间为因变量指标，进行了重复测量方差分析，结果发现，组别和材料类型在这三个因变量上的交互均显著，且在观看攻击者图片时，高网络社会排斥组与低网络社会排斥组均具有显著差异，这说明本实验材料的评定和实验处理均是成功的，被试在观看攻击者、被攻击者及中性人物上的眼动指标均出现了显著差异。特别是被试瞳孔大小的变化，更能说明这一点。瞳孔是眼动研究中最敏感的指标，认知、情绪、疲劳、光照等都会影响瞳孔大小的变化（周颖、刘俊升，2009）。在本研究中，不同组的大学生分别接受了不同水平的网络社会排斥的处理，进而让这两组大学生分别观看不同类型的实验材料，这种实验处理必然会引起瞳孔大小的变化，瞳孔大小的变化间接地反映了其内隐网络攻击性的变化。当然，实验的结果也证明了这一点，这从侧面说明了瞳孔大小、总注视次数及注视持续时间可以作为未来研究内隐网络攻击性的眼动参考指标。

五　结论

（1）网络社会排斥是导致大学生内隐网络攻击性升高的原因之一，且大学生内隐网络攻击性不具有性别差异。

（2）大学生遭受网络社会排斥后，相比于中性图片，大学生更愿意观看攻击者图片和被攻击者图片；同时，在观看攻击者图片时，高网络社会排斥组大学生的瞳孔大小、总注视次数及注视持续时间均要显著高于低网络社会排斥组。

第三节　道德推脱在网络社会排斥与大学生网络攻击间中介的实验研究

一　引言

道德推脱是个体在日常生活中出现不道德行为时为自己开脱罪责的心理倾向，同时为自己的不道德的行为进行各种认知上的合理化，从而最大程度减少自己在不道德行为所产生的不良后果中的责任以及对受害者的痛苦认同（Bandura，1986、1990、1999、2002；Bandura et al.，1996a、1996b）。以往的研究发现，个体在遭受负性刺激时（如个体化压力、暴力视频游戏使用、同伴拒绝、消极情绪等），其道德推脱水平会显著升高

（陈银飞，2013；许路，2015；Fontaine et al.，2014；Roberta et al.，2018），同时，较高道德推脱水平的个体，其攻击行为、网络欺负行为、网络偏差行为等均会显著提升，道德推脱是网络非适应性行为的有效预测变量（金童林等，2017b；金童林等；2018；叶宝娟等，2016；杨继平等，2015；Wang et al.，2016；Wang, et al.，2017c）。相关研究表明，个体内隐攻击性与道德推脱有关，道德辩护对青少年内隐攻击性具有显著的正向预测作用（张迎迎，2018）。此外，自班杜拉提出道德推脱概念及编制问卷以来，我国学者王兴超和杨继平（2010）对此问卷进行了修订，自此以后，道德推脱逐步成为心理学研究的热点问题。但同时，一些研究者也开始思考如何用实验的方法来研究个体的道德推脱现象。2017年，我国学者高玲和张舒颉（2017）首次成功设计了信效度较高的道德推脱情境实验范式，迈出了道德推脱实验研究的第一步。该测验依据道德推脱的8种机制，分别编制8个情境故事，测验分为A和B两个同质的版本，然后由被试在接受不同的实验处理后进行选择，得分越高，说明道德推脱水平越高。

因此，基于以往的研究，可以推测，大学生在遭受高水平网络社会排斥后，其道德推脱水平应当会显著升高，进而导致网络攻击行为的出现和内隐网络攻击性水平的升高；而在遭受低水平网络社会排斥后，其道德推脱不会被激活，进而网络攻击行为和内隐网络攻击性水平也不会发生变化。于是，提出本研究的假设H5和H6。H5：道德推脱在网络社会排斥与大学生网络攻击行为间起中介作用；H6：道德推脱在网络社会排斥与大学生内隐网络攻击性间起中介作用。故本研究采用两水平被试内设计的实验技术，拟通过实验的方法检验道德推脱在网络社会排斥与大学生网络攻击间的中介效应。

二　实验1：道德推脱在网络社会排斥与网络攻击行为间的中介实验

（一）被试

采用随机抽样法，选取30名身体健康的大学本科生为研究被试，其中，男生 18 人，女生 12 人。实验之前，研究者与每个被试都签了《知情同意书》。被试均不知道实验的真实目的，实验结束之后，被试获得 15 元的报酬。

（二）实验设计及过程

（1）实验设计

采用两水平被试内（高网络社会排斥水平/低网络社会排斥水平）实验设计技术，实验范式是网络聊天范式。实验处理时，采用 ABBA 法平衡顺序效应。

（2）实验过程

首先，采用网络聊天范式，让真被试接受高网络社会排斥水平的处理 10 分钟，结束后，要求真被试阅读 8 个关于道德推脱的情境故事（每个故事代表一种道德推脱机制），并填写《道德推脱情境测验问卷（A 卷）》，8 个故事总分即为道德推脱分数（高玲、张舒颉，2017）。其次，要求真被试评定意图攻击刚才聊天的两名假被试的中性实验头像的程度。评定完毕之后，要求真被试填写《正性负性情感量表》和《网络社会排斥体验问卷》。让被试休息 10 分钟，为防止被试在接受第二次实验处理时在同一个群里产生抵触情绪，我们要求被试重新加另外一个群，并将两位假被试的头像换成同质的图片。真被试接受低网络社会排斥水平的处理 10 分钟，结束后，要求真被试阅读 8 个关于道德推脱的情境故事（每个故事代表一种道德推脱机制），随后填写《道德推脱情境测验问卷（B 卷）》（与 A 卷同质，但故事情节不一样），8 个故事总分即为道德推脱分数。最后，要求真被试评定意图攻击刚才聊天的两名假被试的中性实验头像的程度。评定完毕后，要求被试填写《正性负性情感量表》和《网络社会排斥体验问卷》。具体流程如图 2-3 所示。

（三）统计方法

采用 SPSS 25.0 统计软件及 MEMORE 2.1 宏程序，统计方法有配对样本 t 检验、两水平被试内中介效应检验方法等。

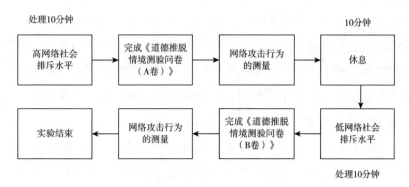

图 2-3　实验 1 处理流程

（四）结果

（1）网络聊天实验任务的有效性检验

本研究采用的是被试内设计，被试先接受高网络社会排斥水平后，再接受低网络社会排斥水平。不同水平实验处理后，均要求被试填写《正性负性情感量表》和《网络社会排斥体验问卷》。因此，对被试的正性情感得分、负性情感得分及网络社会排斥体验得分进行配对样本的 t 检验，结果发现，被试在这 3 个变量前后得分上均具有显著差异（$t=-3.46$、4.56、22.83，$p<0.01$、0.001、0.001），且效应量均为大效应（结果见表 2-8）。于是，可以认为，本研究中网络聊天实验任务的操纵是有效的。

表 2-8　网络聊天实验任务操纵有效性的配对 t 检验表（$M\pm SD$）

	高网络社会排斥水平	低网络社会排斥水平	t	Cohen's d
正性情感	21.72±7.42	29.89±6.88	-3.46**	-0.82
负性情感	20.33±5.95	14.17±3.74	4.56***	1.07
网络社会排斥体验	25.44±3.14	9.89±1.02	22.83***	5.38

注：** $p<0.01$，*** $p<0.001$。

（2）道德推脱的中介效应检验

按照王阳和温忠麟（2018）的观点，两水平被试内中介效应的检验包括依次检验法和路径分析法两种，路径分析法要优于依次检验法，故本研究采用两水平被试内中介的路径分析法考察道德推脱在网络社会排斥与大学生网络攻击行为间的中介作用，在本研究中，重复抽样次数设置为 1000 次。检验过程共分为 3 步。

首先，检验网络攻击行为（Y）在网络社会排斥（X）的两种处理条件下的重复测量是否有均值差异（$Y_{低网络社会排斥水平}-Y_{高网络社会排斥水平}$），这相当于检验 X 对 Y 总效应的显著性（$c$）。配对样本 t 检验结果发现，大学生在接受两次不同实验水平处理后，其网络攻击行为总分差异显著（$c=-12.00$；$t=-8.04$，$p<0.001$，$Cohen's\ d=-1.93$；$95\%CI$：$-15.15\sim-8.85$）。

其次，分别检验系数 a 与系数 b 的显著性。检验道德推脱（M）在网络社会排斥（X）的两种处理条件下的重复测量是否有均值差异（$M_{低网络社会排斥水平}-M_{高网络社会排斥水平}$），这相当于检验网络社会排斥（X）对道德推脱（M）的显著性（a）。配对样本 t 检验结果发现，大学生在接受两次不同实验水平处理后，其道德推脱总分差异显著（$a=-3.28$；$t=-7.43$，$p<0.001$，$Cohen's\ d=-1.75$；$95\%CI$：$-4.21\sim-2.35$）。检验大学生在接受两次不同实验水平处理后，其网络攻击行为总分的差值对道德推脱总分差值的回归，这相当于检验道德推脱（M）对网络攻击行为（Y）的显著性（b）。结果发现，大学生道德推脱差值对网络攻击行为差值的预测作用显著（$\beta=-1.51$，$P<0.05$；$95\%CI$：$-3.27\sim-0.25$）。

最后，Bootstrap 的抽样结果显示，道德推脱中介效应值为 4.95，其 95% 置信区间为 [0.94, 14.57]，置信区间内不包含 0，于是，可以认为道德推脱的中介效应成立。同时，网络社会排斥对大学生网络攻击行为的直接效应也显著（$c'=-16.95$；$t=-5.69$，$p<0.001$；$95\%CI$：$-23.29\sim-10.60$）。综上所述，我们可以认为，道德推脱在网络社会排斥与大学生网络攻击行为间起部分中介作用。

三　实验 2：道德推脱在网络社会排斥与内隐网络攻击性间的中介实验

（一）被试

采用随机抽样法，选取 25 名身体健康的大学本科生为研究被试，其中，男生 11 人，女生 14 人。实验之前，研究者与每个被试都签了《知情同意书》。被试均不知实验的真实目的，实验结束之后，被试获得 15 元的报酬。

（二）实验设计及过程

（1）实验设计

采用两水平被试内（高网络社会排斥水平/低网络社会排斥水平）实验设计技术，实验范式是网络聊天范式。实验处理时，采用 ABBA 法平衡顺序效应。

（2）实验过程

首先，采用网络聊天范式，让真被试接受高网络社会排斥水平的处理 10 分钟，结束后，要求真被试阅读 8 个关于道德推脱的情境故事并填写《道德推脱情境测验问卷（A 卷）》（高玲、张舒颉，2017），同时，填写《内隐网络攻击性词干补笔测验问卷》、《正性负性情感量表》和《网络社会排斥体验问卷》；然后，让被试休息 10 分钟后，为防止被试在接受第二次实验处理时在同一个群里产生抵触情绪，我们要求被试重新加另外一个群，并将两位假被试的头像换成同质的图片。真被试接受低网络社会排斥水平的处理 10 分钟，结束后，要求真被试阅读 8 个关于道德推脱的情境故事并填写《道德推脱情境测验问卷（B 卷）》，同时，继续填写《内隐网络攻击性词干补笔测验问卷》、《正性负性情感量表》和《网络社会排斥体验问卷》。具体流程如图 2-4 所示。

（三）统计方法

采用 SPSS 25.0 统计软件及 MEMORE 2.1 宏程序，统计方法有配对样

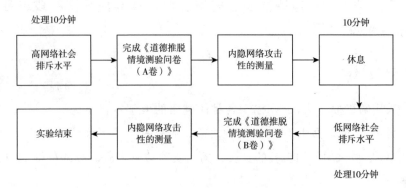

图 2-4 实验 2 处理流程

本 t 检验、两水平被试内中介效应检验方法等。

（四）结果

（1）网络聊天实验任务的有效性检验

同样的，对被试的正性情感得分、负性情感得分及网络社会排斥体验得分进行配对样本的 t 检验。结果发现，被试在这 3 个变量前后得分上均具有显著差异（$t=-2.19$、3.10、9.33，$p<0.05$、0.001、0.001），且效应量均为大效应（结果见表 2-9）。于是，可以认为，本研究中网络聊天实验任务的操纵是有效的。

表 2-9 网络聊天实验任务操纵有效性的配对 t 检验表（$M\pm SD$）

	高网络社会排斥组	低网络社会排斥组	t	Cohen's d
正性情感	26.38±6.84	29.93±7.69	-2.19*	-0.57
负性情感	19.44±5.96	15.63±4.58	3.10***	0.78
网络社会排斥体验	22.81±5.06	10.31±1.58	9.33***	2.34

注：* $p<0.05$，*** $p<0.001$。

（2）道德推脱的中介效应检验

同样的，采用两水平被试内中介的路径分析法考察道德推脱在网络社会排斥与大学生内隐网络攻击性间的中介作用，在本研究中，重复抽样次数设置为 1000 次（王阳、温忠麟，2018）。检验过程共分为 3 步。

首先，检验内隐网络攻击性（Y）在网络社会排斥（X）的两种处理条件下的重复测量是否有均值差异（$Y_{低网络社会排斥水平}-Y_{高网络社会排斥水平}$），这相当于检验 X 对 Y 总效应的显著性（$c$）。配对样本 t 检验结果发现，大学生在接受两次不同实验水平处理后，其内隐网络攻击性总分差异显著（$c=-1.63$；$t=-3.57$，$p<0.01$，Cohen's $d=-0.81$；95%CI：$-2.60\sim-0.65$）。

其次，分别检验系数 a 与系数 b 的显著性。检验道德推脱（M）在网络社会排斥（X）的两种处理条件下的重复测量是否有均值差异（$M_{低网络社会排斥水平}-M_{高网络社会排斥水平}$），这相当于检验网络社会排斥（X）对道德推脱（M）的显著性（a）。配对样本 t 检验结果发现，大学生在接受两次不同实验水平处理后，其道德推脱总分差异显著（$a=-3.25$；$t=-3.37$，$p<0.001$，Cohen's $d=-1.15$；95%CI：$-5.30\sim-1.20$）。检验大学生在接受两次不同实验水平处理后，其内隐网络攻击性总分的差值对道德推脱总分差值的回归，这相当于检验道德推脱（M）对内隐网络攻击性（Y）的显著性（b）。结果发现，大学生道德推脱差值对内隐网络攻击性差值的预测作用显著（$\beta=-2.53$，$p<0.001$；95%CI：$-3.66\sim-1.41$）。

最后，Bootstrap 的抽样结果显示，道德推脱中介效应值为 0.91，其 95%置信区间为 [0.08，1.98]，置信区间内不包含 0，于是，可以认为道德推脱的中介效应成立。同时，网络社会排斥对大学生内隐网络攻击性的直接效应也显著（$c'=-2.53$，$t=-4.86$，$p<0.001$；95% CI：$-3.66\sim-1.41$）。综上所述，我们可以认为，道德推脱在网络社会排斥与大学生内隐网络攻击性间起部分中介作用。

四　讨论

本研究采用实验的方法，探讨了道德推脱在网络社会排斥与大学生网络攻击间的中介作用。研究结果表明，无论是大学生网络攻击行为，还是内隐网络攻击性，道德推脱均在网络社会排斥与它们之间起显著的部分中介作用，这验证了本研究的假设 H5 与 H6。同时，这也说明了三个方面的问题。

其一，道德推脱是个体遭受网络社会排斥后产生的心理现象。个体遭受网络社会排斥后，他们在内心上产生抗拒心理，出现心理不适，由于这种心理不适得不到及时调整，就会进一步地影响大脑的认知加工过程，促使个体道德推脱水平升高，并影响下一步的行为反应和认知决策。从外显水平来看，这会导致大学生出现网络攻击行为；而从内隐水平来看，大学生遭受网络社会排斥后，诱发的不仅是道德推脱水平的升高，而且更容易激活内隐网络攻击性，促使个体内隐网络攻击性水平急剧升高，从而进一步影响大学生的行为反应。

其二，目前，国内鲜有研究采用两水平被试内实验设计技术证明中介作用，大部分实验证明中介作用的存在至少需要做 2 个甚至更多的实验，且由于被试量少、数据分布形态很难符合正态性假设等缺陷，用实验法验证中介一直为研究者所诟病。然而，本研究采用两水平被试内实验设计的方法证明了道德推脱中介作用的存在，研究者选取该平行的情境测验，在不同的处理水平下让被试去填写，这不仅有效地避免了练习效应，而且也较好地测量了个体真实的道德推脱程度，同时也是道德推脱在实验室研究中的一种大胆尝试。使用这种实验方法不仅实验设计简单，需要的被试量少，验证的因果关系多，而且也不受被试样本量限制，还不受数据分布形态的要求，在结果报告的时候还可以考虑中介效应的置信区间，这样得出的结果精确性会更高，生态效度会更强。

其三，结合研究的实验结果，可以说明由研究者自行开发的网络聊天实验范式及自编的《内隐网络攻击性词干补笔测验问卷》均是有效可行的，可以在未来的相关研究中使用。

五　结论

（1）道德推脱在网络社会排斥与大学生网络攻击行为间起部分中介作用。

（2）道德推脱在网络社会排斥与大学生内隐网络攻击性间起部分中介作用。

第三章　网络社会排斥对大学生
网络攻击影响的追踪研究

第一节　网络社会排斥对大学生网络攻击
行为影响的交叉滞后研究

一　引言

网络社会排斥是指在非面对面的网络虚拟互动交流的过程中，个体在可接受的时间范围内没有得到对方所预期的回复、交流或认可，从而导致个体出现负性情绪的现象（童媛添，2015）。按照情绪麻木学说的观点，个体攻击行为的发生与其情绪系统的封闭有关，而导致个体情绪系统封闭的原因之一则是遭受社会排斥（程苏等，2011；Baumeister et al., 2005；Baumeister, Dewall, & Vohs, 2010）。当大学生反复遭受社会排斥后，他们对外界的刺激不再敏感，对事件的反应能力降低，情绪系统随之变得麻木，进而导致攻击行为的出现。因此，大学生在使用网络过程中遭受他人排斥，不仅会体验到消极的情绪，而且会影响生活和学习，久而久之，就会造成情绪系统关闭，并引发网络攻击行为。同时，以往的横断研究也表明，社会排斥会触发个体产生相对剥夺感，进而诱发攻击行为，社会排斥是导致大学生攻击行为出现的主要原因之一（Dewall et al., 2009；Jiang & Chen, 2020）。基于网络心理学的研究表明，网络社会排斥不仅会导致青少年抑郁水平升高（孙晓军等，2017；Niu et al., 2018），而且对青少年及大学生的灾难性情绪（Covert & Stefanone, 2020）、归属感、自尊、存在意义感均有负面影响（Schneider, et al., 2017）。相关研究表明，网络社会排斥还是大学生传统攻击行为（Hames et al., 2018; Ren et al., 2018; Riva et al., 2016）及网络攻击行为等出现的直接原因，网络社会排斥可以同时显著预测大学生传统攻击行为和网络攻击行为（金童林等，2019a）。

综上所述，基于以往横断研究，我们基本可以认为，网络社会排斥是大学生网络攻击行为出现的主要原因。然而，横断研究只提供了变量间的相关关系，对于历时性的因果关系是无法进行检验的。同时，实验研究部分我们已确切地证明了网络社会排斥是大学生网络攻击出现的原因，这保证了较高的内部效度，但这无法保证较高的生态学效度。因此，局限于横断及实验研究的不足，本研究采用纵向设计的方法，进一步对网络社会排斥和大学生网络攻击行为的因果关系进行更精确的考察，以期为网络社会排斥影响大学生网络攻击行为的原因提供更精确的逻辑证据。于是，本研究提出假设 H3：T1 网络社会排斥可以显著预测 T2 大学生网络攻击行为。

二 方法

（一）研究对象

本研究采用整群随机抽样的方法，选取江苏省、河南省、福建省、甘肃省、辽宁省、黑龙江省及内蒙古自治区 7 省区共 7 所本科院校的 2000 名本科生作为被试，进行为期 2 个月的追踪。第 1 次追踪时间为 2019 年 9 月 16 日至 23 日，共发放问卷 2000 份，收回有效问卷 1734 份，有效作答率为 86.7%。1734 名有效作答问卷的学生中，男生 793 人，女生 941 人；大一 616 人，大二 268 人，大三 496 人，大四 354 人；文科 776 人，理科 498 人，工科 460 人。被试年龄范围为 16~24 岁，平均年龄为 19.39±1.43 岁，年龄信息缺失 23 人；第 2 次追踪时间为 2019 年 10 月 16 日至 23 日，共发放问卷 2000 份，考虑到第 1 次追踪测量为基线水平，故第 2 次追踪实际问卷的数量为 1734 份（排除第一次未作答但第二次作答了的被试），共收回有效问卷 1487 份，问卷有效作答率为 85.8%，被试流失率 14.2%。被试中，男生 630 人，女生 857 人；大一 520

人，大二 234 人，大三 455 人，大四 278 人；文科 709 人，理科 417 人，工科 361 人。被试年龄范围为 16~24 岁，平均年龄为 19.43±1.44 岁，年龄信息缺失 21 人。

（二）研究工具

（1）网络社会排斥问卷（Cyber-Ostracism Questionnaire，COQ）。本研究采用童媛添（2015）编制的《大学生网络社会排斥问卷》。该问卷主要用于测量大学生在使用网络过程中遭受排斥的程度，得分越高，排斥体验越强烈。问卷共 14 个条目，采用 1（从未）~5（总是）五点计分，无反向计分条目，问卷包含了网络个体聊天（主要指大学生在网络平台上进行一对一的互动过程中的排斥体验）、网络群体聊天（主要指大学生在网络平台上进行群体聊天的互动过程中的排斥体验）和网络个人空间（主要指大学生在网络平台上表露时的排斥体验，如朋友圈、QQ 空间、微博平台等）3 个维度。在第 1 次追踪研究中，问卷整体的 Cronbach's α 系数为 0.91，网络个体聊天维度的 Cronbach's α 系数为 0.85，网络群体聊天维度的 Cronbach's α 系数为 0.86，网络个人空间维度的 Cronbach's α 系数为 0.74；在第 2 次追踪研究中，问卷整体的 Cronbach's α 系数为 0.94，网络个体聊天维度的 Cronbach's α 系数为 0.89，网络群体聊天维度的 Cronbach's α 系数为 0.89，网络个人空间维度的 Cronbach's α 系数为 0.80。

（2）网络攻击行为量表（Online Aggressive Behavior Scale，OABS）。本研究采用赵锋和高文斌（2012）编制的《少年网络攻击行为量表》。该量表主要测量大学生在使用网络的过程中对他人实施攻击行为的程度，得分越高，说明网络攻击行为越强。该量表共 15 个条目，采用 1（从不）~4（总是）四点计分，无反向计分条目，包含了工具性攻击（主要指攻击者在利用网络攻击他人的目的是获得某种利益，攻击者本身没有遭受他人的网络攻击）和反应性攻击（主要指攻击者在受到他人的网络攻击后发起的对他人的报复性的攻击行为）2 个维度。在第 1 次追踪研究中，量表整体的 Cronbach's α 系数为 0.82，工具性攻击维度的 Cronbach's α 系数为 0.72，反应性攻击维度的 Cronbach's α 系数为 0.73；在第 2 次追踪研究中，量表整体的 Cronbach's α 系数为 0.90，工具性攻击维度的 Cronbach's α 系数为 0.82，反应性攻击维度的 Cronbach's α 系数为 0.86。

（三）统计方法

本研究采用 SPSS 25.0、Mplus 8.3 统计软件进行数据处理。首先，考虑到第 2 次追踪的时候有被试的流失，故先检验本研究的缺失机制。本研究采用 Little's MCAR 检验法和独立样本的 t 检验，Little's MCAR 检验结果发现，本研究中 $\chi^2_{(21)} = 11.30$，$p > 0.05$；将第 2 次追踪时流失的数据与未流失的数据分为 2 组，对两组被试与第 1 次测量时的网络社会排斥得分和网络攻击行为得分分别进行独立样本的 t 检验。结果表明，流失被试组与未流失被试组在网络社会排斥得分、网络攻击行为得分方面均不存在显著差异（$t = -1.83$，$p > 0.05$，Cohen's $d = 0.12$；$t = 1.66$，$p > 0.05$，Cohen's $d = 0.11$），因此，两种检验方法均表明，本研究数据缺失机制为完全随机缺失，故采用完全信息最大似然估计法（FIML）对缺失值进行处理（王济川等，2015）。其次，采用重复测量方差分析考察测量时间（T1、T2）分别与性别（男、女）、年级（大一、大二、大三、大四）及专业（文科、理科、工科）在大学生网络社会排斥得分和网络攻击行为得分上的差异，效果量用 η^2_p 表示，事后检验用 LSD 法；采用皮尔逊积差相关探讨两次追踪的变量之间的关系。最后，采用潜变量交叉滞后模型考察网络社会排斥与大学生网络攻击行为的关系。

三 结果

（一）各主变量的人口学差异分析

以网络社会排斥均分为因变量，以测量时间（T1、T2）为被试内因素，分别以性别、年级、专业为被试间因素进行重复测量方差分析。结果如下。

（1）性别的主效应不显著（$F_{(1, 1485)} = 0.82$，$p > 0.05$，$\eta^2_p = 0.001$，$1-\beta = 0.15$），测量时间的主效应显著（$F_{(1, 1485)} = 8.67$，$p < 0.01$，$\eta^2_p = 0.006$，$1-$

$\beta=0.84$），采用 LSD 法进行事后检验表明，T2 网络社会排斥均分显著低于 T1（$I_{T1}-J_{T2}=0.04$，$p<0.01$，$Cohen's\ d=2.76$）；测量时间与性别的交互效应不显著（$F_{(1,1485)}=3.67$，$p>0.05$，$\eta_p^2=0.005$，$1-\beta=0.64$）。

（2）年级的主效应边缘显著（$F_{(3,1483)}=2.61$，$p=0.05$，$\eta_p^2=0.005$，$1-\beta=0.64$），采用 LSD 法进行事后检验表明，大四得分高于大一得分和大三得分（$I_{大一}-J_{大四}=-0.08$，$p<0.05$，$Cohen's\ d=-3.22$；$I_{大三}-J_{大四}=-0.09$，$p<0.05$，$Cohen's\ d=-3.64$）；测量时间的主效应显著（$F_{(1,1483)}=7.05$，$p<0.01$，$\eta_p^2=0.005$，$1-\beta=0.76$），采用 LSD 法进行事后检验表明，T2 网络社会排斥均分显著低于 T1（$I_{T1}-J_{T2}=0.04$，$p<0.01$，$Cohen's\ d=2.76$）；测量时间与性别交互不显著（$F_{(1,1483)}=0.71$，$p>0.05$，$\eta_p^2=0.001$，$1-\beta=0.20$）。

（3）专业的主效应显著（$F_{(2,1484)}=3.35$，$p<0.05$，$\eta_p^2=0.004$，$1-\beta=0.63$），采用 LSD 法进行事后检验表明，工科显著高于文科（$I_{工科}-J_{文科}=0.04$，$p<0.01$，$Cohen's\ d=3.60$）；测量时间的主效应显著（$F_{(1,1484)}=9.41$，$p<0.01$，$\eta_p^2=0.006$，$1-\beta=0.87$），采用 LSD 法进行事后检验表明，T2 网络社会排斥均分显著低于 T1（$I_{T1}-J_{T2}=0.05$，$p<0.01$，$Cohen's\ d=2.76$）；测量时间与专业交互效应显著（$F_{(1,1484)}=3.79$，$p<0.05$，$\eta_p^2=0.006$，$1-\beta=0.69$），简单效应分析表明，在理科水平上，两次测量的时间具有显著差异（$F_{(2,1484)}=16.99$，$p<0.001$，$Cohen's\ d=3.13$）。其他描述性统计信息见表 3-1。

以大学生网络攻击行为均分为因变量，以测量时间（T1、T2）为被试内因素，分别以性别、年级、专业为被试间因素进行重复测量方差分析。结果如下。

（1）性别的主效应不显著（$F_{(1,1485)}=0.72$，$p>0.05$，$\eta_p^2=0.001$，$1-\beta=0.14$），测量时间的主效应不显著（$F_{(1,1485)}=0.09$，$p>0.05$，$\eta_p^2=0.001$，$1-\beta=0.06$），测量时间与性别的交互效应不显著（$F_{(1,1485)}=0.03$，$p>0.05$，$\eta_p^2=0.001$，$1-\beta=0.06$）。

（2）年级的主效应不显著（$F_{(3,1483)}=1.19$，$p>0.05$，$\eta_p^2=0.002$，$1-\beta=0.32$），测量时间的主效应不显著（$F_{(1,1483)}=0.14$，$p>0.05$，$\eta_p^2=0.001$，

$1-\beta = 0.07$），测量时间与性别的交互效应不显著（$F_{(1, 1483)} = 0.16$，$p >$ 0.05，$\eta_p^2 = 0.001$，$1-\beta = 0.08$）。

（3）专业的主效应不显著（$F_{(2, 1484)} = 0.12$，$p > 0.05$，$\eta_p^2 = 0.003$，$1-\beta =$ 0.44），测量时间的主效应不显著（$F_{(1, 1484)} = 0.54$，$p > 0.05$，$\eta_p^2 = 0.001$，$1-\beta = 0.11$），测量时间与专业的交互效应不显著（$F_{(1, 1484)} = 0.01$，$p >$ 0.05，$\eta_p^2 = 0.001$，$1-\beta = 0.05$）。其他描述性统计信息见表3-2。

（二）各主变量的相关分析

对本研究各主变量进行描述性统计和积差相关分析。结果表明，T1 网络社会排斥与 T1 网络攻击行为呈显著正相关（$r = 0.30$，$p < 0.01$），T1 网络社会排斥与 T2 网络攻击行为呈显著正相关（$r = 0.20$，$p < 0.01$），T2 网络社会排斥与 T2 网络攻击行为呈显著正相关（$r = 0.31$，$p < 0.01$），其他相关见表3-3。

（三）网络社会排斥对大学生网络攻击行为的交叉滞后分析

本研究采用潜变量交叉滞后模型考察网络社会排斥与大学生网络攻击行为间的交叉滞后关系。按照刘文、刘红云和李红利（2015）的观点，在进行交叉滞后检验时，需要设置不同的竞争模型进行检验，这样才能保证交叉滞后的因果可解释性，设置的竞争模型至少需要包括自回归模型、交叉滞后回归模型（不含自回归）、同时包含自回归和交叉滞后回归的模型。因此，按照刘文、刘红云和李红利（2015）的做法，本研究共设置 3 个模型（M1、M2、M3），其中，M1 与 M2 为竞争模型，M3 为研究模型。M1 只包含自回归，不包含交叉滞后回归；M2 只包含交叉滞后回归，不包含自回归；M3 包含了自回归和交叉滞后回归。模型估计采用稳健最大似然估计法进行估计，缺失值采用完全信息最大似然估计法（Full Information Maximum Likelihood Estimation，FIML）进行处理（王济川等，2015）。在本研究的模型中，同一时间点两个不同的潜变量（显变量）误差相关，不同时间点同一潜变量中相

表 3-1　网络社会排斥在各人口学变量中的描述性统计（$M\pm SD$）

测量时间	性别		年级				专业		
	男	女	大一	大二	大三	大四	文科	理科	工科
T1	1.85±0.57	1.80±0.52	1.81±0.54	1.85±0.55	1.77±0.51	1.88±0.58	1.76±0.51	1.80±0.54	1.81±0.58
T2	1.79±0.58	1.79±0.55	1.76±0.55	1.81±0.57	1.77±0.55	1.85±0.60	1.73±0.53	1.69±0.57	1.77±0.58

表 3-2　大学生网络攻击行为在各人口学变量中的描述性统计（$M\pm SD$）

测量时间	性别		年级				专业		
	男	女	大一	大二	大三	大四	文科	理科	工科
T1	1.09±0.19	1.08±0.12	1.08±0.14	1.09±0.14	1.09±0.13	1.10±0.23	1.08±0.12	1.07±0.12	1.09±0.22
T2	1.09±0.18	1.09±0.19	1.08±0.16	1.09±0.24	1.09±0.16	1.10±0.21	1.08±0.14	1.07±0.20	1.09±0.19

表3-3 各主要量前后两次测量的相关矩阵

测量	$M \pm SD$	T1CIC	T1CGC	T1CIS	T1COQ	T1OAS	T2CIC	T2CGC	T2CIS	T2COQ	T2OAS
T1CIC	1.79±0.60	1									
T1CGC	1.96±0.73	0.66**	1								
T1CIS	1.71±0.60	0.61**	0.64**	1							
T1COQ	1.81±0.55	0.90**	0.88**	0.83**	1						
T1OAS	1.09±0.16	0.29**	0.23**	0.25**	0.30**	1					
T2CIC	1.76±0.59	0.55**	0.47**	0.43**	0.56	0.17**	1				
T2CGC	1.89±0.69	0.47**	0.56**	0.45**	0.57**	0.15**	0.75**	1			
T2CIS	1.72±0.61	0.44**	0.46**	0.52**	0.53**	0.16**	0.68**	0.71**	1		
T2COQ	1.79±0.56	0.55**	0.55**	0.51**	0.62**	0.18**	0.92**	0.91**	0.86**	1	
T2OAS	1.09±0.19	0.19**	0.17**	0.16**	0.20**	0.39**	0.28**	0.25**	0.31**	0.31**	1

注：* $p<0.05$，** $p<0.01$；下同。T1，第1次测量；T2，第2次测量；CIC，网络个体聊天；CGC，网络群体聊天；CIS，网络个人空间；COQ，网络社会排斥；OAS，网络攻击行为。

同的观察变量误差相关。考虑到模型的简约性和可视化，本文中的图不再连接误差相关。模型如图 3-1 至图 3-3 所示。各模型的拟合度对比如表 3-4 所示，模型路径系数如表 3-5 所示。

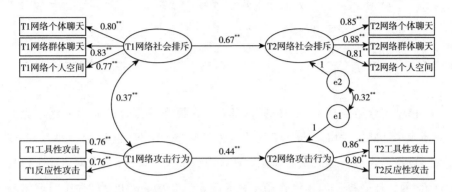

图 3-1 网络社会排斥对大学生网络攻击行为自回归模型（M1）

说明：* $p<0.05$，** $p<0.01$，*** $p<0.001$；下同。

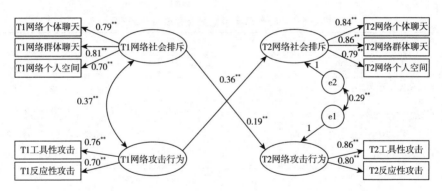

图 3-2 网络社会排斥对大学生网络攻击行为交叉滞后回归模型（M2）

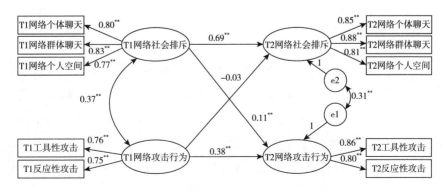

图 3-3 网络社会排斥对大学生网络攻击行为自回归和交叉滞后回归模型（M3）

表 3-4　各模型拟合度对比表

Model	χ^2	df	χ^2/df	TLI	CFI	RMSEA	模型竞争检验		
							comparison	$\triangle\chi^2$	$\triangle df$
M1	69.89	26	2.69	0.99	0.99	0.04	1 vs. 3	12.64[**]	2
M2	738.40	26	28.4	0.84	0.91	0.13	2 vs. 3	681.15[***]	2
M3	57.25	24	2.38	0.99	0.99	0.03			

注：[**] $p<0.01$，[***] $p<0.001$。

　　模型拟合结果显示，本研究的理论 M3 模型的拟合度要明显优于竞争模型 M1 和 M2。同时，M3 模型的数据结果表明，T1 网络社会排斥对 T2 网络攻击行为具有显著预测作用（$\beta=0.11$，$p<0.01$），而 T1 网络攻击行为对 T2 网络社会排斥的预测作用不显著（$\beta=-0.03$，$p>0.05$），说明网络社会排斥是引发大学生产生网络攻击行为的原因。

表 3-5　各模型路径系数显著性表（标准化）

路径	M1			M2			M3		
	β	SE	t	β	SE	t	β	SE	t
T1COQ→T2COQ	0.67[**]	0.018	37.01				0.69[**]	0.021	32.68
T1COQ→T2OAS				0.19[**]	0.036	5.16	0.11[**]	0.032	3.53
T1OAS→T2OAS	0.44[**]	0.028	15.74				0.38[**]	0.033	11.58
T1OAS→T2COQ				0.36[**]	0.046	7.77	-0.03	0.029	-0.89

注：[**] $p<0.01$。T1，第 1 次测量；T2，第 2 次测量；COQ，网络社会排斥；OAS，网络攻击行为。

四　讨论

　　本研究发现，大学生网络个体聊天、网络群体聊天及网络社会排斥得分在两个月的时间内呈下降趋势，而网络个人空间得分呈升高趋势（见表 3-3），这说明大学生遭受的网络社会排斥方式以网络个体聊天和网络群体聊天为主，这与以往的研究相对一致（童媛添，2015）。同时，这也说明部分大学生在遭受网络社会排斥后，他们有可能在这一段时间内不再频繁使用聊天工具（如 QQ、微信等），而转向网络空间的使用。同样的，大学生网络攻击行为在这一段时间内变化不明显（见表 3-3），这说明一些大学生习得了网络攻击行为的范式以后，这种网络攻击的现象并未减弱，而是一直持续对他人进行攻击。本研究重复测量发现，网络社会排斥的性别、专业差异不显著，这说明大学生遭受的网络社会排斥是无差别的，不会因为性别或者专业的不一致而遭受的网络社会排斥有所差别，同时也体现了网络社会排斥的复杂性和传播性，这也是网络社会排斥与现实社会排斥的本质区别。另外，网络社会排斥的年级差异边缘显著，大四学生得分高于大三，这可能与大四学生的压力大有关，大四学生面临着找工作、考研、就业、毕业等，所以他们在遭受网络社会排斥后，会很容易体验到不良的情绪，遭受网络社会排斥也极有可能是压倒他们心理的最后一根"稻草"，所以他们对于这些排斥刺激极为敏感，因此其得分显著高于其他年级。同时，本研究发现，大学生网络攻击行为的性别、年级、专业差异均不显著，这与以往的研究一致（金童林，2018），这其实从侧面证明了网络攻击行为与传统攻击行为的差别，网络攻击行为主要是凭借网络的匿名性和便利性对他人实施的攻击，这种攻击是无差别的攻击，被攻击的对象不会因为身份以外的信息（如性别、专业、年级等）而被区别对待，他们可能会在同一时间内遭受攻击，也可能被反复攻击。同样的，他们也可以按照相似的方式对他人发起攻击，这也是网络攻击行为比传统攻击行为更具有伤害性的主要原因之一（胡阳、范翠英，2013；Grigg，2010；Pyzalski & Jacek，2012）。

与本研究相关的研究发现，T1 的主变量与 T2 的主变量均呈显著正相关，这说明随着大学生遭受网络社会排斥的增强，他们的网络攻击行为也就显著增多，这为下一步的交叉滞后研究提供了依据。本研究的交叉滞后结果发现，M1 模型的自回归系数均显著，这说明大学生在两次测量的时间段内，其网络社会排斥和网络攻击行为均具有稳定性，同时也说明两个问卷具有较高的效度；通过 M3 模型，我们可以发现，T1 网络社会排斥可以显著预测 T2 大学生网络攻击行为，而 T1 网络攻击行为对于 T2 网络社会排斥的预测作用不显著，这验证了本研究的假设 H3。这说明大学生遭受网络社会排斥在前，而网络攻击行为的表达在后，即网络社会排斥是大学生网络攻击行为出现的原因之一。交叉滞后研究的结果同时也证明了情绪麻木学说的观点，即大学生遭受网络社会排斥，会导致其情绪系统麻木失调，进而对外界事件的反应能力降低，最终引发网络攻击行为（程苏等，2011；金童林等，2019a；Baumeister et al.，2010）。

五 结论

（1）T1 网络社会排斥、T1 大学生网络攻击行为与 T2 网络社会排斥、T2 大学生网络攻击行为呈显著正相关。

（2）T1 网络社会排斥可以显著正向预测 T2 大学生网络攻击行为，而T1 大学生网络攻击行为对 T2 网络社会排斥的预测作用不显著。

第二节　网络社会排斥对大学生内隐网络
攻击性影响的交叉滞后研究

一 引言

内隐网络攻击性是个体内隐攻击性在网络环境中出现的新形式。内隐网络攻击性指个体在使用网络的过程中，由于被动地接触到网络中的消极刺激而在无意识状态下产生的对他人具有攻击性的心理特性。这种无意识的攻击性的心理特性会进一步影响外显攻击行为的表达，同时也会影响个体知觉、情绪状态、行为决策及反应等（周颖，2007）。以往的相关研究表明，导致个体出现内隐攻击性的原因包括暴力电子游戏（李东阳，2012）、网络暴力材料（田媛等，2011a）、挫折情境（王玉龙、钟振，2015）、敌意状态（Richetin et al.，2010）等。按照内隐攻击的观点，负性刺激是导致个体内隐攻击性水平升高的直接原因（周颖，2007）。于是，我们可以推理，当大学生在使用网络的过程中，遭受的排斥是一种消极的负性刺激，这种消极刺激会影响大学生情绪状态，会激发大学生愤怒情绪，并进一步影响判断决策，最终会导致大学生内隐网络攻击性水平升高，即遭受网络社会排斥可以提升大学生内隐网络攻击性水平。因此，本研究为了避免以往研究的不足，主要采用交叉滞后的研究方法考察网络社会排斥对大学生内隐网络攻击性的影响过程，以期为揭示大学生内隐网络攻击性的影响机制提供更精确的证据。于是，提出本研究的假设 H4：T1 网络社会排斥可以显著预测 T2 大学生内隐网络攻击性。

二　方法

（一）研究对象

本研究采用整群随机抽样的方法，选取江苏省、河南省、福建省、甘肃省、辽宁省、黑龙江省及内蒙古自治区 7 省区共 7 所本科院校的 2000 名本科生作为被试进行为期 2 个月的追踪。第 1 次追踪时间为 2019 年 9 月 16 日至 23 日，共发放问卷 2000 份，收回有效问卷 1734 份，有效作答率为86.7%。在 1734 名有效作答问卷的学生中男生 793 人，女生 941 人；大一616 人，大二 268 人，大三 496 人，大四 354 人；文科 776 人，理科 498人，工科 460 人；被试年龄范围为 16~24 岁，平均年龄为 19.39±1.43 岁，年龄信息缺失 23 人。第 2 次追踪时间为 2019 年 10 月 16 日至 23 日，共发放问卷 2000 份，考虑到第 1 次追踪测量为基线水平，故第 2 次追踪实际问卷的数量为 1734 份（排除第一次未作答的被试但第二次作答了的被试），共收回有效问卷 1487 份，被试流失 247 人，问卷有效作答率为 85.8%，被试流失率 14.2%。在 1487 名有效作答问卷的学生中男生 630 人，女生 857人；大一 520 人，大二 234 人，大三 455 人，大四 278 人；文科 709 人，理科 417 人，工科 361 人；被试年龄范围为 16~24 岁，平均年龄为 19.43±1.44 岁，年龄信息缺失 21 人。

（二）研究工具

（1）网络社会排斥问卷（Cyber-Ostracism Questionnaire，COQ）。本研究采用童媛添（2015）编制的《大学生网络社会排斥问卷》。该问卷主要用于测量大学生在使用网络过程中遭受排斥的程度，得分越高，排斥体验越强烈。问卷共 14 个条目，采用 1（从未）~5（总是）五点计分，无反向计分条目，问卷包含了网络个体聊天（主要指大学生在网络平台上进行一对一的互动过程中的排斥体验）、网络群体聊天（主要指大学生在网络平台上进行群体聊天的互动过程中的排斥体验）和网络个人空间（主要指大学生在网络平台上表露时的排斥体验，如朋友圈、QQ 空间、微博平台等）3 个维度。在第 1 次追踪研究中，问卷整体的 Cronbach's α 系数为 0.91，网络个体聊天维度的 Cronbach's α 系数为 0.85，网络群体聊天维度的 Cronbach's α 系数为 0.86，网络个人空间维度的 Cronbach's α 系数为 0.74；在第 2 次追踪研究中，问卷整体的 Cronbach's α 系数为 0.94，网络个体聊天维度的 Cronbach's α 系数为 0.89，网络群体聊天维度的 Cronbach's α 系数为 0.89，网络个人空间维度的 Cronbach's α 系数为 0.80。

（2）内隐网络攻击性词干补笔测验问卷（Implicit Cyber-Aggressive Word Stem Completion Questionnaire，ICAWSCQ）。内隐网络攻击性的测量采用《内隐网络攻击性词干补笔测验问卷》，由研究者参考《青少年内隐攻击性词干补笔测验》（田媛，2009）自行编制。问卷中呈现目标字和探测字。探测字与目标字中的任意一个字均能组成词语（目标词、干扰词、中性词）。当被试选中的字是代表内隐网络攻击性的词语时（目标词），得 1 分，当选中其他的字时（干扰词、中性词）不得分，最后求出被试选择目标词的总分，即为本研究因变量指标得分。被试得分越高，说明其内隐网络攻击性越强。在施测过程中，目标字以拉丁方的形式呈现，以降低空间误差。被试在拿到问卷后，要求从备选的 3 个目标字中选择一个字，可以与探测字组成词语，但并不知道实验的真实目的。

例：探测字： 躺（ ）

　　目标字： 1. 枪（目标词）　 2. 尸（干扰词）　 3. 卧（中性词）

（三）统计方法

本研究采用 SPSS 25.0、Mplus 8.3 统计软件进行数据处理。同样的，首先，检验本研究的缺失机制。将本研究涉及的主变量进行 Little's MCAR 检验，结果发现，本研究中 $\chi^2_{(17)} = 7.99$，$p > 0.05$，于是可以认为，本研究数据缺失机制为随机缺失，故采用完全信息最大似然估计法（FIML）对缺失值进行处理（王济川等，2015）。其次，采用重复测量方差分析考察测量时间（T1、T2）分别与性别（男、女）、年级（大一、大二、大三、大四）及专业（文科、理科、工科）在大学生内隐网络攻击性得分上的差异，效果量用 η_p^2 表示，事后检验用 LSD 法；然后，采用皮尔逊积差相关探讨两次变量间的关系。最后，采用潜变量交叉滞后模型考察网络社会排斥与大学生内隐网络攻击性间的关系。

三　结果

（一）大学生内隐网络攻击性与人口学变量的差异分析

以大学生内隐网络攻击性均分为因变量，以测量时间（T1、T2）为被试内因素，分别以性别、年级、专业为被试间因素进行重复测量方差分析。结果如下。

（1）性别的主效应不显著（$F_{(1, 1485)} = 0.16$，$p > 0.05$，$\eta_p^2 = 0.001$，$1-\beta = 0.07$），测量时间的主效应显著（$F_{(1, 1485)} = 7.07$，$p < 0.01$，$\eta_p^2 = 0.006$，$1-\beta = 0.76$），采用 LSD 法进行事后检验表明，T2 内隐网络攻击性均分显著低于 T1 内隐网络攻击性（$I_{T1} - J_{T2} = 0.01$，$p < 0.01$，$Cohen's\ d = 1.50$），测量时间与性别的交互效应不显著（$F_{(1, 1485)} = 0.04$，$p > 0.05$，$\eta_p^2 = 0.001$，$1-\beta = 0.01$）。

（2）年级主效应不显著（$F_{(3, 1483)} = 0.25$，$p > 0.05$，$\eta_p^2 = 0.001$，$1-\beta = 0.10$），测量时间的主效应显著（$F_{(1, 1483)} = 4.58$，$p < 0.05$，$\eta_p^2 = 0.004$，$1-\beta = 0.57$），采用 LSD 法进行事后检验表明，T2 内隐网络攻击性均分显著低于 T1 内隐网络攻击性（$I_{T1} - J_{T2} = 0.01$，$p < 0.01$，$Cohen's\ d = 1.50$），测量时间与性别交互效应不显著（$F_{(1, 1483)} = 0.64$，$p > 0.05$，$\eta_p^2 = 0.002$，$1-\beta = 0.18$）。

（3）专业的主效应不显著（$F_{(2, 1484)} = 0.20$，$p > 0.05$，$\eta_p^2 = 0.001$，$1-\beta = 0.05$），测量时间的主效应显著（$F_{(1, 1484)} = 6.68$，$p < 0.05$，$\eta_p^2 = 0.005$，$1-\beta = 0.73$），采用 LSD 法进行事后检验表明，T2 内隐网络攻击性均分显著低于 T1 内隐网络攻击性（$I_{T1} - J_{T2} = 0.01$，$p < 0.01$，$Cohen's\ d = 1.50$），测量时间与专业交互效应不显著（$F_{(1, 1484)} = 0.19$，$p > 0.05$，$\eta_p^2 = 0.001$，$1-\beta = 0.08$）。其他描述性统计信息见表 3-6。

表 3-6 大学生内隐网络攻击性在各人口学变量中的描述性统计（M±SD）

测量时间	性别		年级				专业		
	男	女	大一	大二	大三	大四	文科	理科	工科
T1	0.23±0.14	0.22±0.15	0.23±0.14	0.22±0.14	0.23±0.14	0.22±0.13	0.23±0.14	0.23±0.15	0.22±0.14
T2	0.22±0.14	0.22±0.14	0.21±0.14	0.22±0.15	0.22±0.15	0.22±0.14	0.22±0.15	0.22±0.13	0.22±0.14

表 3-7 各主要变量前后两次测量的相关矩阵

测量	M±SD	T1CIC	T1CGC	T1CIS	T1COQ	T1ICA	T2CIC	T2CGC	T2CIS	T2COQ	T2ICA
T1CIC	1.79±0.60	1									
T1CGC	1.96±0.73	0.66**	1								
T1CIS	1.71±0.60	0.61**	0.64**	1							
T1COQ	1.81±0.55	0.90**	0.88**	0.83**	1						
T1ICA	0.23±0.14	0.11**	0.09**	0.07**	0.11**	1					
T2CIC	1.76±0.59	0.55**	0.47**	0.43**	0.56**	0.17**	1				
T2CGC	1.89±0.69	0.44**	0.56**	0.45**	0.57**	0.15**	0.75**	1			
T2CIS	1.72±0.61	0.44**	0.46**	0.52**	0.53**	0.16**	0.68**	0.71**	1		
T2COQ	1.79±0.56	0.55**	0.55**	0.51**	0.62**	0.18**	0.92**	0.91**	0.86**	1	
T2ICA	0.22±0.14	0.11**	0.10**	0.08**	0.12**	0.57**	0.14**	0.13**	0.14**	0.15**	1

注：* p<0.05, ** p<0.01。T1, 第 1 次测量；T2, 第 2 次测量；CIC, 网络个体聊天；CGC, 网络群体聊天；CIS, 网络个人空间；COQ, 网络社会排斥；ICA, 内隐网络攻击性。

（二）各主变量的相关分析

对本研究各主变量进行描述统计和积差相关分析。结果表明，T1 网络社会排斥与 T1 内隐网络攻击性呈显著正相关（$r = 0.11$，$p < 0.01$），T1 网络社会排斥与 T2 内隐网络攻击性呈显著正相关（$r = 0.12$，$p < 0.01$），T2 网络社会排斥与 T2 内隐网络攻击性呈显著正相关（$r = 0.15$，$p < 0.01$），其他相关见表 3-7。

（三）网络社会排斥对大学生内隐网络攻击性的交叉滞后分析

本研究采用潜变量结构方程模型考察网络社会排斥与大学生内隐网络攻击性间的交叉滞后关系。按照刘文、刘红云和李红利（2015）的观点，在进行交叉滞后检验时，至少需要包括自回归模型、交叉滞后回归模型（不含自回归）、同时包含自回归和交叉滞后回归的模型进行对比检验。因此，按照刘文、刘红云和李红利（2015）的做法，本研究共设置 3 个模型（M1、M2、M3），其中，M1 与 M2 为竞争模型，M3 为研究模型。M1 只包含自回归，不包含交叉滞后回归；M2 只包含交叉滞后回归，不包含自回归；M3 包含了自回归和交叉滞后回归。模型采用稳健最大似然估计法进行估计，缺失值采用完全信息最大似然估计法（FIML）进行处理（王济川等，2015）。在本研究的模型中，同一时间点两个不同的潜变量（显变量）误差相关，不同时间点同一潜变量中相同的观察变量误差相关。考虑到模型的简约性和可视化，本文中的图不再连接误差之间的相关。模型如图 3-4 至图 3-6 所示。各模型的拟合度对比如表 3-8 所示，模型路径系数如表 3-9 所示。

表 3-8　各模型拟合度对比

Model	χ^2	df	χ^2/df	TLI	CFI	RMSEA	模型竞争检验		
							comparison	$\triangle \chi^2$	$\triangle df$
M1	21.36	15	1.42	0.99	0.99	0.02	1 vs. 3	13.43**	2
M2	1193.64	15	79.58	0.81	0.64	0.21	2 vs. 3	1185.71***	2

续表

Model	χ^2	df	χ^2/df	TLI	CFI	RMSEA	模型竞争检验		
							comparison	$\triangle \chi^2$	$\triangle df$
M3	7.93	13	0.61	1	1	0.00			

注：** $p<0.01$，*** $p<0.001$。

模型拟合结果显示，本研究理论模型 M3 的拟合度要明显优于竞争模型 M1 和 M2。同时，M3 模型的数据估计结果表明，T1 网络社会排斥对 T2 内隐网络攻击性具有显著的预测作用（$\beta = 0.05$，$p<0.05$），T1 内隐网络攻击性对 T2 网络社会排斥的预测作用显著（$\beta = 0.06$，$p<0.05$）。

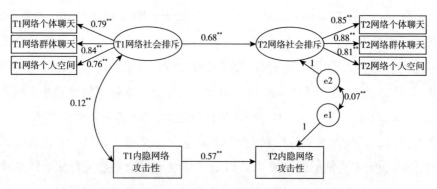

图 3-4　网络社会排斥对大学生内隐网络攻击性自回归模型（M1）

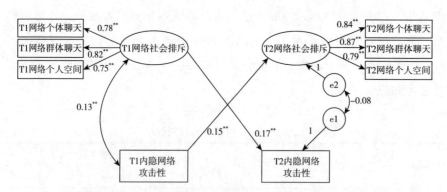

图 3-5　网络社会排斥对大学生内隐网络攻击性交叉滞后回归模型（M2）

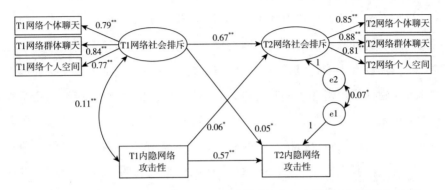

图 3-6 网络社会排斥对大学生内隐网络攻击性自回归和交叉滞后回归模型（M3）

表 3-9 各模型路径系数显著性（标准化）

路径	M1			M2			M3		
	β	SE	t	β	SE	t	β	SE	t
T1COQ→T2COQ	0.68**	0.018	38.23				0.67**	0.018	37.02
T1COQ→T2ICA				0.17**	0.037	4.48	0.05*	0.024	2.24
T1ICA→T2ICA	0.57**	0.017	32.86				0.57**	0.018	32.20
T1ICA→T2COQ				0.15**	0.038	3.94	0.06*	0.022	2.89

注：* $p<0.05$，** $p<0.01$。T1，第 1 次测量；T2，第 2 次测量；COQ，网络社会排斥；ICA，内隐网络攻击性。

四 讨论

本研究发现，大学生内隐网络攻击性的性别、年级及专业的主效应均不显著，这说明大学生内隐网络攻击性一方面是他们在使用网络的过程中产生的，另一方面这说明内隐网络攻击性是一种稳定的认知结构，因而在各人口学变量上均不出现显著差异。对于专业差异，杨秀正（2014）的研究发现，体育类大学生内隐攻击性水平显著高于其他专业大学生，而本研究却没有发现专业差异。这与两个方面的原因有关，一方面，这是由本研究所选取的专业与杨秀正研究中选取的专业不一致，以及所使用的研究方法不一致导致的。另一方面，这种差异的本质是由内隐攻击性与内隐网络攻击性的差异性导致的，内隐攻击性在一些特定的方面会出现较大的差异，比如在竞争性的环境中（如吵架等），这会更大程度地导致个体内隐攻击性水平的升高，而对于内隐网络攻击性水平的升高，这些网络竞争性的环境虽然会有影响，但影响的强度需要达到更高的水平。在网络环境下大学生内隐网络攻击性水平升高的充分条件。大学生会经常接触到竞争性的网络环境，久而久之，会形成"脱敏效应"，即低强度的网络竞争环境并不会导致内隐网络攻击性水平的升高，而是需要更高强度的网络竞争环境。同时，本研究的交叉滞后的 M1 自回归模型也证明了这一点，T1 网络社会排斥可以显著正向预测 T2 内隐网络攻击性，这验证了本研究的假设 H4。这说明个体的内隐网络攻击性是稳定的。此外，本研究也发现，T1 网络社会排斥可以显著正向预测 T2 内隐网络攻击性，同时 T1 内隐网络攻击性对 T2 网络社会排斥的预测作用也显著，两个偏回归系数较小，但在统计上都显著，这可能是问卷法比实验法的内部效度低的原因，采用问卷法激活的内隐网络攻击性水平远不如在实验室内强，所以导致被试的内隐网络攻击性激活水平较低。同时，本结果也说明内隐网络攻击性作为个体的一种特质，其与个体的外显特质具有一定的区别，亦具有渐变的特点（Rattan & Dweck，2010）。内隐特质的变化会受到环境的影响，在不同的环境刺激下，个体的内隐特质会出现不同的倾向，而个体的外显特质则不会受到环境的影响，他们在应对环境变化的过程中，会表现出符合自身特质的趋势。简而言之，只要环境中出现能激活内隐特质的刺激信息，个体的内隐特质便会表达，只不过这种表达是在内隐层面中，却会影响个体下一步的决策、思维、行动能力、情绪状态等。因此，当大学生遭受网络社会排斥后，在很短时间内其内隐特质会被激活，激活后的内隐特质会在相当的一段时间内保持不变，并进一步影响大学生的思维、决策、知觉等，当大学生进一步体验到网络社会排斥时，之前激活的内隐特质就会对这些排斥信息更加敏感，也就进一步影响接下来的各种行为状态，这也是网络社会排斥和大学生内隐网络攻击性相互正向预测的原因。

五 结论

（1）T1 网络社会排斥、T1 内隐网络攻击性与 T2 网络社会排斥、T2 内隐网络攻击性呈显著正相关。

（2）T1 网络社会排斥可以显著正向预测 T2 内隐网络攻击性，同时 T1 内隐网络攻击性也可以显著正向预测 T2 网络社会排斥。

第三节 网络社会排斥对大学生网络攻击行为的
影响：道德推脱的纵向中介作用

一 引言

道德推脱是指个体在日常生活中出现不道德行为时为自己开脱罪责的心理倾向，同时为自己的不道德行为进行各种认知上的合理化，从而最大限度减少自己在不道德行为所产生的不良后果中的责任以及对受害者痛苦的认同（Bandura，1986）。按照社会认知理论的观点，个体出现的攻击行为与道德推脱水平的升高有关，道德推脱水平的升高，会促使个体行动能力增强，去个性化现象加剧，并最终出现攻击行为（杨继平等，2010；Bandura，1986、1990、1999、2002；Bandura et al.，1996a、1996b）。另外，个体道德推脱水平的升高也与一定的外界负性刺激有关，比如遭受网络社会排斥。在个体遭受网络社会排斥后，其情绪水平变化剧烈，冲动性增强，敌意水平升高，进而促使道德推脱水平升高，并最终导致个体出现网络攻击行为，即道德推脱在网络社会排斥与大学生网络攻击行为间起中介作用。以往的研究也表明，在班级环境及同学关系对暴力行为（王磊等，2018），在暴力视频游戏使用对中学生网络欺负（许路，2015），在交往不良同伴对未成年犯攻击行为（高玲等，2015），在情绪智力对中学生攻击行为（夏锡梅，侯川美，2019），在儿童期心理虐待对大学生网络欺负行为（金童林等，2017a），在积极学校氛围、亲子-协作知识及积极父母寻求对青少年网络欺负（Giuseppina-Bartolo et al.，2019），在黑暗人格对中学生不道德消费行为（Egan et al., 2015），在父母道德推脱感知对网络欺负、网络受欺负、传统欺负及传统受欺负（Zych et al., 2019）等的影响过程中，道德推脱均起显著的中介作用。

综上所述，以往的研究主要通过横断研究考察了道德推脱的中介作用过程，鲜有纵向研究来考察其变化趋势和中介作用，这也就无法从实证的角度提供其可以作为稳定的"中介桥梁"的证据。这无论是对相关理论研究的发展和丰富，还是对道德推脱这一心理现象本身的研究，都是有所局限的。于是，本研究提出假设 H7：在网络社会排斥对大学生网络攻击行为的长期影响中，道德推脱起稳定的纵向中介作用。

因此，本研究拟以大学生为被试，进一步采用交叉滞后的纵向研究方法来考察道德推脱在网络社会排斥与大学生网络攻击行为间的纵向中介作用，以期进一步丰富和细化网络社会排斥对大学生网络攻击行为影响的过程。

二 方法

（一）研究对象

本研究采用整群随机抽样的方法，选取江苏省、河南省、福建省、甘肃省、辽宁省、黑龙江省及内蒙古自治区 7 省区共 7 所本科院校的 2000 名本科生为被试进行为期 4 个月的追踪。第 1 次追踪时间为 2019 年 9 月 16 日至 23 日，共发放问卷 2000 份，收回有效问卷 1734 份，有效作答率为 86.7%。在 1734 名有效作答问卷的学生中男生 793 人，女生 941 人；大一 616 人，大二 268 人，大三 496 人，大四 354 人；文科 776 人，理科 498 人，工科 460 人；被试年龄范围为 16~24 岁，平均年龄为 19.39±1.43 岁，年龄信息缺失 23 人。第 2 次追踪时间为 2019 年 10 月 16 日至 23 日，共发放问卷 2000 份，考虑到第 1 次追踪测量为基线水平，故第 2 次追踪实际问卷的数量为 1734 份（排除第一次未作答的被试但第二次作答了的被试），共收回有效问卷 1487 份，被试流失 247 人，问卷有效作答率为 85.8%，被试流失率 14.2%。在 1487 名有效作答问卷的学生中男生 630 人，女生 857

人；大一 520 人，大二 234 人，大三 455 人，大四 278 人；文科 709 人，理科 417 人，工科 361 人；被试年龄范围为 16~24 岁，平均年龄为 19.43±1.44 岁，年龄信息缺失 21 人。第 3 次追踪时间为 2019 年 11 月 18 日至 25 日，共发放问卷 2000 份，考虑到第 1 次追踪测量为基线水平，故第 3 次追踪实际问卷的数量为 1734 份，共收回有效问卷 1525 份，被试流失 209 人，问卷有效作答率为 87.9%，被试流失率 12.1%。在 1525 名有效作答问卷的学生中男生 673 人，女生 852 人；大一 523 人，大二 240 人，大三 471 人，大四 291 人；文科 721 人，理科 424 人，工科 380 人；被试年龄范围为 16~24 岁，平均年龄为 19.44±1.44 岁，年龄信息缺失 231 人。第 4 次追踪时间为 2019 年 12 月 15 日至 21 日，考虑到第 1 次追踪测量为基线水平，故第 4 次追踪实际问卷的数量为 1734 份，共收回有效问卷 1476 份，被试流失 258 人，问卷有效作答率为 85.1%，被试流失率 14.9%。在 1476 名有效作答问卷的学生中男生 681 人，女生 795 人；大一 531 人，大二 232 人，大三 421 人，大四 292 人；文科 666 人，理科 447 人，工科 363 人；被试年龄范围为 16~24 岁，平均年龄为 19.00±1.45 岁，年龄信息缺失 279 人。

（二）研究工具

（1）网络社会排斥问卷（Cyber-Ostracism Questionnaire，COQ）。本研究采用童媛添（2015）编制的《大学生网络社会排斥问卷》。该问卷主要用于测量大学生在使用网络过程中遭受排斥的程度，得分越高，排斥体验越强烈。问卷共 14 个条目，采用 1（从未）~5（总是）五点计分，无反向计分条目，问卷包含了网络个体聊天（主要指大学生在网络平台上进行一对一的互动过程中的排斥体验）、网络群体聊天（主要指大学生在网络平台上进行群体聊天的互动过程中的排斥体验）和网络个人空间（主要指大学生在网络平台上表露时的排斥体验，如朋友圈、QQ 空间、微博平台等）3 个维度。在第 1 次追踪研究中，问卷整体的 Cronbach's α 系数为 0.91，网络个体聊天维度的 Cronbach's α 系数为 0.85，网络群体聊天维度的 Cronbach's α 系数为 0.86，网络个人空间维度的 Cronbach's α 系数为 0.74；在第 2 次追踪研究中，问卷整体的 Cronbach's α 系数为 0.94，网络个体聊天维度的 Cronbach's α 系数为 0.89，网络群体聊天维度的 Cronbach's α 系数为 0.89，网络个人空间维度的 Cronbach's α 系数为 0.80；在第 3 次追踪中，问卷整体的 Cronbach's α 系数为 0.96，网络个体聊天维度的 Cronbach's α 系数为 0.93，网络群体聊天维度的 Cronbach's α 系数为 0.91，网络个人空间维度的 Cronbach's α 系数为 0.86；在第 4 次追踪中，问卷整体的 Cronbach's α 系数为 0.96，网络个体聊天维度的 Cronbach's α 系数为 0.93，网络群体聊天维度的 Cronbach's α 系数为 0.92，网络个人空间维度的 Cronbach's α 系数为 0.85。

（2）网络攻击行为量表（Online Aggressive Behavior Scale, OABS）。本研究采用赵锋和高文斌（2012）编制的《少年网络攻击行为量表》。该量表主要测量大学生在使用网络的过程中对他人实施攻击行为的程度，得分越高，说明网络攻击行为越强。该量表共 15 个条目，采用 1（从不）~ 4（总是）四点计分，无反向计分题目，包含了工具性攻击（主要指攻击者利用网络攻击他人是为了获得某种利益，攻击者本身没有遭受他人的网络攻击）和反应性攻击（主要指攻击者在受到他人的网络攻击后发起的对他人的报复性的攻击行为）2 个维度。在第 1 次追踪研究中，量表整体的 Cronbach's α 系数为 0.82，工具性攻击维度的 Cronbach's α 系数为 0.72，反应性攻击维度的 Cronbach's α 系数为 0.73；在第 2 次追踪研究中，量表整体的 Cronbach's α 系数为 0.90，工具性攻击维度的 Cronbach's α 系数为 0.82，反应性攻击维度的 Cronbach's α 系数为 0.86；在第 3 次追踪中，量表整体的 Cronbach's α 系数为 0.93，工具性攻击维度的 Cronbach's α 系数为 0.86，反应性攻击维度的 Cronbach's α 系数为 0.90；在第 4 次追踪中，量表整体的 Cronbach's α 系数为 0.94，工具性攻击维度的 Cronbach's α 系数为 0.90，反应性攻击维度的 Cronbach's α 系数为 0.91。

（3）中文版道德推脱问卷（Moral Disengagement Questionnaire, MDQ）。本研究采用王兴超和杨继平（2010）修订的《中文版道德推脱问卷》。该问卷主要测量大学生的道德推脱水平，被试得分越高，道德推脱水平越高。问卷共 26 个条目，采用 1（完全不同意）~ 5（完全同意）五点计分，无反向计分条目。问卷包含了道德辩护（个体出现违反道德的行为时，为自己不良的行为在道德上的可接受性做辩护解释）、委婉标签（个体通过一些中立的道德语言使自己违反道德的行为变得可接受）、有利比较（个体将更不道德的行为与自己不道德的行为相比较，从而使自己的不道德行为造成的后果可忽略）、责任转移（个体将自己不道德行为的责任归因于他人）、责任分散（通常出现在集体情境下，即自己的不道德行为是与集体有关的）、忽视或扭曲结果（个体选择性地忽视由自己不道德行为产生的不良后果，从而避免负性情绪）、非人性化（个体通过贬低他人而将自己的不道德行为进行合理化）、责备归因（个体过分强调别人的过错而使自己的道德责任被忽略）8 个维度（杨继平等，2015）。

在 4 次追踪研究中，问卷整体的 Cronbach's α 系数分别为 0.91、0.94、0.95、0.96，道德辩护维度的 Cronbach's α 系数分别为 0.72、0.80、0.84、0.86，委婉标签维度的 Cronbach's α 系数分别为 0.63、0.66、0.73、0.71，有利比较维度的 Cronbach's α 系数分别为 0.76、0.85、0.89、0.89，责任转移维度的 Cronbach's α 系数分别为 0.73、0.79、0.85、0.87，责任分散维度的 Cronbach's α 系数分别为 0.65、0.72、0.77、0.73，忽视或扭曲结果维度的 Cronbach's α 系数分别为 0.70、0.78、0.84、0.84，非人性化维度的 Cronbach's α 系数分别为 0.70、0.76、0.82、0.83，责备归因维度的 Cronbach's α 系数分别为 0.75、0.80、0.83、0.86。

（三）统计方法

本研究采用 SPSS 25.0、Mplus 8.3 软件进行数据处理。首先，检验 4 次追踪过程中缺失值的缺失机制。采用 Little's MCAR 检验，结果发现，$\chi^2_{(397)} = 218.60$，$p > 0.05$，于是可以认为，本研究数据缺失机制为完全随机缺失，故采用完全信息最大似然估计法（FILM）对缺失值进行处理（王济川等，2015）。其次，采用重复测量方差分析考察测量时间（T1、T2、T3、T4）分别与性别（男、女）、年级（大一、大二、大三、大四）及专业（文科、理科、工科）在大学生网络社会排斥得分、道德推脱得分及网络攻击行为得分上的差异，效果量用 η^2_p 表示，事后检验用 LSD 法；然后，采用皮尔逊积差相关探讨 4 次追踪的变量间的关系。最后，采用交叉滞后研究方法考察道德推脱的纵向中介作用。

三 结果

(一) 各主变量的人口学差异分析

以网络社会排斥均分为因变量，以测量时间（T1、T2、T3、T4）为被试内因素，分别以性别、年级、专业为被试间因素进行重复测量方差分析。结果如下。

（1）性别的主效应不显著（$F_{(1, 1207)} = 0.90$, $p > 0.05$, $\eta_p^2 = 0.001$, $1 - \beta = 0.16$），测量时间的主效应显著（$F_{(3, 3621)} = 46.68$, $p < 0.001$, $\eta_p^2 = 0.04$, $1 - \beta = 1$），采用 LSD 法进行事后检验表明，T1 网络社会排斥得分显著高于 T2、T3 和 T4 得分（$I_{T1} - J_{T2} = 0.04$, $p < 0.01$, $Cohen's\ d = 2.88$；$I_{T1} - J_{T3} = 0.10$, $p < 0.01$, $Cohen's\ d = 6.01$；$I_{T1} - J_{T4} = 0.16$, $p < 0.01$, $Cohen's\ d = 9.51$），T2 网络社会排斥得分显著高于 T3、T4 得分（$I_{T2} - J_{T3} = 0.06$, $p < 0.01$, $Cohen's\ d = 3.39$；$I_{T2} - J_{T4} = 0.12$, $p < 0.01$, $Cohen's\ d = 6.97$），T3 网络社会排斥得分显著高于 T4 得分（$I_{T3} - J_{T4} = 0.06$, $p < 0.01$, $Cohen's\ d = 3.47$），测量时间与性别的交互效应不显著（$F_{(3, 3621)} = 1.89$, $p > 0.05$, $\eta_p^2 = 0.002$, $1 - \beta = 0.49$）。

（2）年级的主效应不显著（$F_{(3, 1205)} = 1.81$, $p > 0.05$, $\eta_p^2 = 0.004$, $1 - \beta = 0.47$），测量时间的主效应显著（$F_{(3, 3615)} = 44.47$, $p < 0.01$, $\eta_p^2 = 0.04$, $1 - \beta = 1$），采用 LSD 法进行事后检验表明，T1 网络社会排斥得分显著高于 T2、T3 和 T4 得分（$I_{T1} - J_{T2} = 0.04$, $p < 0.01$, $Cohen's\ d = 2.88$；$I_{T1} - J_{T3} = 0.10$, $p < 0.01$, $Cohen's\ d = 6.01$；$I_{T1} - J_{T4} = 0.16$, $p < 0.01$, $Cohen's\ d = 9.51$），T2 网络社会排斥得分显著高于 T3、T4 得分（$I_{T2} - J_{T3} = 0.06$, $p < 0.01$, $Cohen's\ d = 3.39$；$I_{T2} - J_{T4} = 0.12$, $p < 0.01$, $Cohen's\ d = 6.97$），T3 网络社会排斥得分高于 T4 得分（$I_{T3} - J_{T4} = 0.06$, $p < 0.01$, $Cohen's\ d = 3.47$），测量时间与性别交互效应不显著（$F_{(9, 3615)} = 1.22$, $p > 0.05$, $\eta_p^2 = 0.003$, $1 - \beta = 0.61$）。

（3）专业的主效应显著（$F_{(2, 1206)} = 3.13$, $p < 0.05$, $\eta_p^2 = 0.005$, $1 - \beta = 0.61$），采用 LSD 法事后检验表明，工科得分高于文科得分（$I_{工科} - J_{文科} = 0.08$, $p < 0.01$, $Cohen's\ d = 3.49$），测量时间的主效应显著（$F_{(3, 3618)} = $

44.71，$p < 0.01$，$\eta_p^2 = 0.04$，$1-\beta = 1$），采用 LSD 法进行事后检验表明，T1 网络社会排斥得分显著高于 T2、T3 和 T4 得分（$I_{T1}-J_{T2} = 0.04$，$p < 0.01$，Cohen's $d = 2.88$；$I_{T1}-J_{T3} = 0.10$，$p < 0.01$，Cohen's $d = 6.01$；$I_{T1}-J_{T4} = 0.16$，$p < 0.01$，Cohen's $d = 9.51$），T2 网络社会排斥得分显著高于 T3、T4 得分（$I_{T2}-J_{T3} = 0.06$，$p < 0.01$，Cohen's $d = 3.39$；$I_{T2}-J_{T4} = 0.12$，$p < 0.01$，Cohen's $d = 6.97$），T3 网络社会排斥得分高于 T4 得分（$I_{T3}-J_{T4} = 0.06$，$p < 0.01$，Cohen's $d = 3.47$），测量时间与专业的交互效应不显著（$F_{(6, 3618)} = 1.26$，$p > 0.05$，$\eta_p^2 = 0.002$，$1-\beta = 0.50$）。其他统计信息见表 3-10。

以大学生网络攻击行为均分为因变量，以测量时间（T1、T2、T3、T4）为被试内因素，分别以性别、年级、专业为被试间因素进行重复测量方差分析。结果如下。

（1）性别的主效应显著（$F_{(1, 1207)} = 5.57$，$p < 0.05$，$\eta_p^2 = 0.005$，$1-\beta = 0.66$），采用 LSD 法进行事后检验表明，男生得分高于女生（$I_{男生}-J_{女生} = 0.03$，$p < 0.05$，Cohen's $d = 3.22$），测量时间的主效应不显著（$F_{(3, 3621)} = 0.10$，$p > 0.05$，$\eta_p^2 = 0.001$，$1-\beta = 0.07$），测量时间与性别的交互效应不显著（$F_{(3, 3621)} = 1.89$，$p > 0.05$，$\eta_p^2 = 0.002$，$1-\beta = 0.69$）。

（2）年级的主效应不显著（$F_{(3, 1205)} = 2.08$，$p > 0.05$，$\eta_p^2 = 0.005$，$1-\beta = 0.53$），测量时间的主效应不显著（$F_{(3, 3615)} = 0.13$，$p > 0.05$，$\eta_p^2 = 0.001$，$1-\beta = 0.07$），测量时间与年级交互效应不显著（$F_{(9, 3615)} = 1.54$，$p > 0.05$，$\eta_p^2 = 0.004$，$1-\beta = 0.74$）。

（3）专业的主效应显著（$F_{(2, 1206)} = 5.38$，$p < 0.01$，$\eta_p^2 = 0.009$，$1-\beta = 0.84$），采用 LSD 法进行事后检验表明，工科得分显著高于理科得分和文科得分（$I_{工科}-J_{理科} = 0.04$，$p < 0.01$，Cohen's $d = 3.67$；$I_{工科}-J_{文科} = 0.03$，$p < 0.01$，Cohen's $d = 4.22$），测量时间的主效应不显著（$F_{(3, 3618)} = 0.08$，$p > 0.05$，$\eta_p^2 = 0.001$，$1-\beta = 0.06$），测量时间与专业交互效应不显著（$F_{(6, 3618)} = 1.05$，$p > 0.05$，$\eta_p^2 = 0.002$，$1-\beta = 0.42$）。其他描述统计信息见表 3-11。

以大学生道德推脱均分为因变量，以测量时间（T1、T2、T3、T4）为被试内因素，分别以性别、年级、专业为被试间因素进行重复测量方差分析。结果如下。

（1）性别的主效应不显著（$F_{(1, 1207)} = 0.85$, $p > 0.05$, $\eta_p^2 = 0.001$, $1-\beta = 0.15$），测量时间的主效应显著（$F_{(3, 3621)} = 161.05$, $p < 0.001$, $\eta_p^2 = 0.012$, $1-\beta = 1.00$），采用 LSD 法进行事后检验表明，T1 道德推脱得分显著高于 T2、T3 及 T4 得分（$I_{T1} - J_{T2} = 0.09$, $p < 0.01$, Cohen's $d = 5.98$; $I_{T1} - J_{T3} = 0.21$, $p < 0.01$, Cohen's $d = 13.90$; $I_{T1} - J_{T4} = 0.26$, $p < 0.01$, Cohen's $d = 17.56$），T2 道德推脱得分显著高于 T3、T4 得分（$I_{T2} - J_{T3} = 0.12$, $p < 0.01$, Cohen's $d = 10.88$; $I_{T2} - J_{T4} = 0.17$, $p < 0.01$, Cohen's $d = 7.44$），T3 道德推脱得分高于 T4 得分（$I_{T3} - J_{T4} = 0.05$, $p < 0.01$, Cohen's $d = 3.44$），测量时间与性别的交互效应不显著（$F_{(3, 3621)} = 1.59$, $p > 0.05$, $\eta_p^2 = 0.001$, $1-\beta = 0.42$）。

（2）年级主效应不显著（$F_{(3, 1205)} = 0.51$, $p > 0.05$, $\eta_p^2 = 0.001$, $1-\beta = 0.16$），测量时间的主效应显著（$F_{(3, 3615)} = 152.11$, $p < 0.001$, $\eta_p^2 = 0.11$, $1-\beta = 1$），采用 LSD 法进行事后检验表明，T1 道德推脱得分显著高于 T2、T3 及 T4 得分（$I_{T1} - J_{T2} = 0.09$, $p < 0.01$, Cohen's $d = 5.98$; $I_{T1} - J_{T3} = 0.21$, $p < 0.01$, Cohen's $d = 13.90$; $I_{T1} - J_{T4} = 0.26$, $p < 0.01$, Cohen's $d = 17.56$），T2 道德推脱得分显著高于 T3、T4 得分（$I_{T2} - J_{T3} = 0.12$, $p < 0.01$, Cohen's $d = 10.88$; $I_{T2} - J_{T4} = 0.17$, $p < 0.01$, Cohen's $d = 7.44$），T3 道德推脱得分高于 T4 得分（$I_{T3} - J_{T4} = 0.05$, $p < 0.01$, Cohen's $d = 3.44$），测量时间与性别的交互不显著（$F_{(9, 3615)} = 0.34$, $p > 0.05$, $\eta_p^2 = 0.001$, $1-\beta = 0.18$）。

（3）专业的主效应不显著（$F_{(2, 1206)} = 0.52$, $p > 0.05$, $\eta_p^2 = 0.001$, $1-\beta = 0.16$），测量时间的主效应显著（$F_{(3, 3618)} = 152.11$, $p < 0.001$, $\eta_p^2 = 0.11$, $1-\beta = 1$），采用 LSD 法进行事后检验表明，T1 道德推脱得分显著高于 T2、T3 及 T4 得分（$I_{T1} - J_{T2} = 0.09$, $p < 0.01$, Cohen's $d = 5.98$; $I_{T1} - J_{T3} = 0.21$, $p < 0.01$, Cohen's $d = 13.90$; $I_{T1} - J_{T4} = 0.26$, $p < 0.01$, Cohen's $d = 17.56$），T2 道德推脱得分显著高于 T3、T4 得分（$I_{T2} - J_{T3} = 0.12$, $p < 0.01$, Cohen's $d = 10.88$; $I_{T2} - J_{T4} = 0.17$, $p < 0.01$, Cohen's $d = 7.44$），T3 道德推脱得分高于 T4 得分（$I_{T3} - J_{T4} = 0.05$, $p < 0.01$, Cohen's $d = 3.44$），测量时间与专业交互效应不显著（$F_{(6, 3618)} = 0.09$, $p > 0.05$, $\eta_p^2 = 0.001$, $1-\beta = 0.17$）。其他统计信息见表 3-12。

表 3-10　网络社会排斥在各人口学变量中的描述性统计（M±SD）

测量时间	性别		年级				专业		
	男	女	大一	大二	大三	大四	文科	理科	工科
T1	1.85±0.57	1.80±0.52	1.81±0.54	1.85±0.55	1.77±0.51	1.88±0.58	1.76±0.51	1.80±0.54	1.81±0.58
T2	1.79±0.58	1.79±0.55	1.76±0.55	1.81±0.57	1.77±0.55	1.85±0.60	1.73±0.53	1.69±0.57	1.77±0.58
T3	1.73±0.61	1.73±0.55	1.70±0.56	1.76±0.56	1.72±0.56	1.76±0.64	1.72±0.55	1.69±0.55	1.78±0.64
T4	1.70±0.61	1.66±0.55	1.68±0.57	1.65±0.53	1.64±0.57	1.76±0.64	1.65±0.56	1.66±0.56	1.75±0.63

表 3-11　大学生网络攻击行为在各人口学变量中的描述性统计（M±SD）

测量时间	性别		年级				专业		
	男	女	大一	大二	大三	大四	文科	理科	工科
T1	1.09±0.19	1.08±0.12	1.08±0.14	1.09±0.14	1.09±0.13	1.10±0.23	1.08±0.12	1.07±0.12	1.09±0.22
T2	1.09±0.18	1.09±0.19	1.08±0.16	1.09±0.24	1.09±0.16	1.10±0.21	1.08±0.14	1.07±0.20	1.09±0.19
T3	1.11±0.26	1.08±0.18	1.08±0.20	1.08±0.17	1.08±0.19	1.12±0.29	1.08±0.18	1.09±0.21	1.12±0.22
T4	1.11±0.28	1.08±0.18	1.09±0.20	1.06±0.11	1.10±0.23	1.09±0.23	1.08±0.19	1.08±0.20	1.12±0.32

表 3-12　大学生道德推脱在各人口学变量中的描述性统计（M±SD）

测量时间	性别		年级				专业		
	男	女	大一	大二	大三	大四	文科	理科	工科
T1	1.94±0.49	1.92±0.48	1.92±0.47	1.93±0.84	1.93±0.49	1.95±0.51	1.93±0.48	1.90±0.49	1.97±0.50
T2	1.84±0.55	1.84±0.53	1.83±0.54	1.86±0.50	1.84±0.53	1.84±0.53	1.84±0.52	1.82±0.53	1.86±0.56
T3	1.74±0.60	1.70±0.54	1.72±0.55	1.70±0.54	1.73±0.62	1.12±0.29	1.71±0.55	1.69±0.56	1.76±0.61
T4	1.70±0.61	1.65±0.53	1.65±0.56	1.68±0.55	1.67±0.56	1.71±0.63	1.67±0.54	1.64±0.57	1.72±0.62

（二）各主变量的相关分析

对本研究各主变量进行描述性统计和积差相关分析。主要的结果如下。

（1）T1 网络社会排斥与 T2、T3、T4 网络攻击行为均呈显著正相关，相关系数在 0.17~0.20（均 $p<0.01$），T1 网络社会排斥与 T2、T3、T4 道德推脱均呈正相关，相关系数在 0.25~0.27（均 $p<0.01$）；

（2）T1 网络社会排斥与 T2、T3、T4 内隐网络攻击性均呈显著正相关，相关系数在 0.08~0.12（均 $p<0.01$）；

（3）T1 道德推脱与 T2、T3、T4 网络攻击行为均呈显著正相关，相关系数在 0.18~0.22（均 $p<0.01$）；

（4）T1 道德推脱与 T2、T3、T4 内隐网络攻击性均呈显著正相关，相关系数在 0.16~0.18（均 $p<0.01$）；

（5）T1 网络攻击行为与 T2、T3、T4 内隐网络攻击性均呈显著正相关，相关系数在 0.13~0.16（均 $p<0.01$）；

（6）T2 网络社会排斥与 T3、T4 道德推脱均呈显著正相关，相关系数在 0.33~0.36（均 $p<0.01$），T2 网络社会排斥与 T3、T4 内隐网络攻击性均呈显著正相关，相关系数在 0.14~0.17（均 $p<0.01$），T2 网络社会排斥与 T3、T4 网络攻击行为均呈显著正相关，相关系数在 0.15~0.16（均 $p<0.01$）；

（7）T2 道德推脱与 T3、T4 网络攻击行为均呈显著正相关，相关系数均为 0.25（均 $p<0.01$）；

（8）T2 道德推脱与 T3、T4 内隐网络攻击性均呈显著正相关，相关系数分别为 0.20、0.17（均 $p<0.01$）；

（9）T3 网络社会排斥与 T4 网络攻击行为呈显著正相关（$r=0.31$，$p<0.01$），T3 网络社会排斥与 T4 内隐网络攻击性呈显著正相关（$r=0.14$，$p<0.01$），T3 网络社会排斥与 T4 道德推脱呈显著正相关（$r=0.43$，$p<0.01$）；

（10）T3 道德推脱与 T4 内隐网络攻击性呈显著正相关（$r=0.16$，$p<0.01$）；

（11）T3 道德推脱与 T4 网络攻击行为呈显著正相关（$r=0.37$，$p<0.01$）。其他相关见表 3-13。

表 3-13　各主变量四次测量的相关矩阵

测量	M±SD	T1COQ	T1OAS	T1MDQ	T1ICA	T2COQ	T2OAS	T2MDQ	T2ICA	T3COQ	T3OAS	T3MDQ	T3ICA	T4COQ	T4OAS	T4MDQ	T4ICA
T1COQ	1.81±0.55	1															
T1OAS	1.09±0.16	0.30*	1														
T1MDQ	1.91±0.51	0.31**	0.37**	1													
T1ICA	0.23±0.14	0.11	0.18**	0.17**	1												
T2COQ	1.79±0.56	0.62**	0.18**	0.29**	0.14**	1											
T2OAS	1.09±0.19	0.20**	0.39**	0.18**	0.15**	0.31**	1										
T2MDQ	1.82±0.54	0.26**	0.25**	0.61**	0.17**	0.39**	0.32**	1									
T2ICA	0.22±0.14	0.12**	0.16**	0.16**	0.57**	0.15**	0.16**	0.21**	1								
T3COQ	1.72±0.59	0.56**	0.20**	0.30**	0.13**	0.64**	0.27**	0.35**	0.16**	1							
T3OAS	1.10±0.24	0.17**	0.35**	0.22**	0.16**	0.16**	0.48**	0.25**	0.14**	0.37**	1						
T3MDQ	1.71±0.58	0.27**	0.23**	0.55**	0.15**	0.36**	0.27**	0.68**	0.18**	0.46**	0.44**	1					
T3ICA	0.24±0.15	0.12**	0.13**	0.16**	0.55**	0.17**	0.15**	0.20**	0.61**	0.15**	0.17**	0.17**	1				
T4COQ	1.67±0.59	0.52**	0.22**	0.32**	0.15**	0.63**	0.25**	0.49**	0.15**	0.72**	0.33**	0.48**	0.16**	1			
T4OAS	1.11±0.26	0.17**	0.35**	0.19**	0.16**	0.15**	0.50**	0.25**	0.14**	0.31**	0.70**	0.37**	0.17**	0.39**	1		
T4MDQ	1.67±0.58	0.25**	0.23**	0.53**	0.16**	0.33**	0.25**	0.64	0.17**	0.43**	0.38**	0.76**	0.18**	0.51**	0.42**	1	
T4ICA	0.23±0.15	0.08**	0.13**	0.18**	0.47**	0.14**	0.15**	0.17**	0.55**	0.14**	0.18**	0.16**	0.64**	0.13**	0.20**	0.16**	1

注：$p<0.05$，$p<0.01$。T1，第 1 次测量；T2，第 2 次测量；T3，第 3 次测量；T4，第 4 次测量；COQ，网络社会排斥；OAS，网络攻击行为；MDQ，道德推脱；ICA，内隐网络攻击性。

（三） 道德推脱在网络社会排斥对大学生网络攻击行为影响中的纵向中介作用

首先，考虑到本研究 4 次追踪的交叉滞后模型均使用的是潜变量模型，因而在检验纵向中介作用的过程中要保证纵向模型的等值。按照 Cole 和 Maxwell （2003） 及刘文、刘红云和李红利（2015）的观点，在检验纵向的中介过程中，模型至少要满足弱等值性，这样得出的结论才不会有偏差。因此，本研究分别检验形态等值、弱等值、强等值、因子方差等值及误差方差等值 5 种模型。按照拟合指数差异检验法（王孟成，2014），当差异量小于 0.01 时，表明不存在显著差异；当差异量在 0.01 至 0.02 之间时，表明存在中等差异；当差异量大于 0.02 时，表明存在显著差异。本研究的检验结果发现，当限制模型为强等值时，与弱等值相比，其 ΔCFI 变化 0.013，ΔTLI 变化 0.011，ΔRMSEA 变化 0.004，除 ΔRMSEA 外，其他指标变化均介于 0.01 至 0.02 之间，属于中等差异，说明模型开始恶化，但弱等值模型与形态等值模型相比，其 ΔCFI 变化 0.001，ΔTLI 及 ΔRMSEA 均没有发生明显变化，这说明模型满足弱等值假设。因此，可以认为，本研究的纵向模型在 4 次追踪过程中等值（见表 3-14）。

表 3-14　道德推脱在网络社会排斥与大学生网络攻击行为间中介模型的纵向测量不变性

模型	χ^2	χ^2/df	$\Delta\chi^2$	p	CFI	ΔCFI	TLI	ΔTLI	RMSEA	ΔRMSEA
形态等值	4575.685	4.09	—	<0.001	0.945	—	0.937	—	0.041	—
弱等值	4688.551	3.93	112.866	<0.001	0.944	0.001	0.937	0.000	0.041	0.000
强等值	5470.123	4.47	781.572	<0.001	0.931	0.013	0.926	0.011	0.045	0.004
因子方差等值	5501.022	4.49	30.899	<0.001	0.931	0.000	0.925	0.001	0.045	0.000
误差方差等值	6606.926	5.22	1105.904	<0.001	0.914	0.017	0.910	0.015	0.049	0.004

注：ΔCFI，ΔTLI，ΔRMSEA 值为当前模型与上一个模型差值的绝对值。

其次，采用偏差矫正的非参数百分位 Bootstrap 法考察道德推脱在网络社会排斥对大学生网络攻击行为影响中的纵向中介作用，研究共重复抽样 2000 次（温忠麟、叶宝娟，2014）。同样的，按照刘文、刘红云和李红利（2015）的观点，在进行交叉滞后检验时，需要设置至少包括自回归模型、交叉滞后回归模型（不含自回归）、同时包含自回归和交叉滞后回归的模型进行竞争对比检验。因此，按照刘文、刘红云和李红利（2015）的做法，本研究共设置 4 个模型（M1、M2、M3 及 M4）。其中，M1、M2 及 M3 均为竞争模型，M4 为研究模型。M1 只包含自回归，不包含交叉滞后回归；M2、M3 包含自回归和单向交叉滞后回归；M4 包含了自回归和交叉滞后回归。缺失值采用完全信息最大似然估计法（FIML）进行处理（王济川等，2015）。在本研究的模型中，同一时间点两个不同的潜变量误差相关，不同时间点同一潜变量中相同的观察变量误差相关，相同潜变量中的观察变量的误差均不相关。考虑到模型的简约性和可视化，本文中的图不再连接误差相关，省略测量模型。模型如图 3-7 至图 3-10 所示。各模型路径系数如表 3-16 至表 3-19 所示。

模型拟合结果显示，本研究的理论 M4 模型的拟合度要明显优于竞争模型 M1、M2 和 M3（见表 3-15）。数据结果显示，在研究模型 M4 中，T2 道德推脱在 T1 网络社会排斥对 T3 网络攻击行为影响中的中介作用显著（$ab=0.003$，$p<0.05$，95% CI：$0.001 \sim 0.008$），而 T2 道德推脱在 T1 网络攻击行为对 T3 网络社会排斥影响的路径中的中介作用不显著（$ab=0.005$，$p>0.05$，95% CI：$-0.043 \sim 0.076$）；T3 道德推脱在 T2 网络社会排斥对 T4 网络攻击行为影响中的中介作用显著（$ab=0.006$，$p<0.05$，95% CI：$0.002 \sim 0.012$），而 T3 道德推脱在 T2 网络攻击行为对 T4 网络社会排斥影响的路径中的中介作用不显著（$ab=0.013$，$p>0.05$，95% CI：$-0.032 \sim 0.065$）。两条显著的纵向中介作用表明，道德推脱在网络社会排斥对大学生网络攻击行为影响中的纵向中介作用成立，即在网络社会排斥对大学生网络攻击行为的长期影响过程中，道德推脱起稳定的纵向中介作用。

表 3-15　各模型拟合对比

Model	χ^2	χ^2/df	CFI	TLI	RMSEA	模型竞争检验		
						comparison	$\triangle \chi^2$	$\triangle df$
M1	5680.80	4.60	0.92	0.92	0.05	1 vs. 4	210.68***	12
M2	6480.94	5.26	0.92	0.91	0.05	2 vs. 4	1010.82***	10
M3	5927.34	4.81	0.92	0.92	0.05	3 vs. 4	457.22***	10
M4	5470.12	4.47	0.93	0.93	0.05			

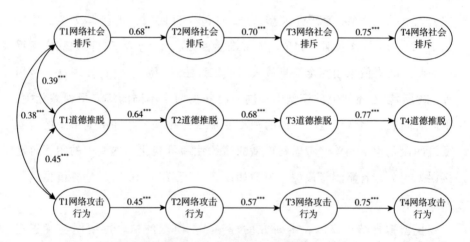

图 3-7　道德推脱中介作用的自回归模型（M1）

表 3-16　M1 自回归模型系数

路径	偏回归系数		标化系数			95% CI	
	系数 （$\beta/Coef$）	标准误 （SE）	t	p	（β）	上限	下限
T1COQ→T2COQ	0.70	0.03	22.53	<0.001	0.68	0.64	0.77
T2COQ→T3COQ	0.73	0.03	25.90	<0.001	0.70	0.68	0.79
T3COQ→T4COQ	0.76	0.03	28.93	<0.001	0.75	0.71	0.81
T1MDQ→T2MDQ	0.69	0.04	18.83	<0.001	0.64	0.61	0.76
T2MDQ→T3MDQ	0.72	0.03	24.19	<0.001	0.68	0.66	0.78
T3MDQ→T4MDQ	0.76	0.02	31.31	<0.001	0.77	0.71	0.81
T1OAS→T2OAS	0.56	0.14	4.00	<0.001	0.45	0.37	0.89

续表

路径	偏回归系数		标化系数			95% CI	
	系数 ($\beta/Coef$)	标准误 (SE)	t	p	(β)	上限	下限
T2OAS→T3OAS	0.72	0.09	8.41	<0.001	0.57	0.56	0.90
T3OAS→T4OAS	0.83	0.05	16.71	<0.001	0.75	0.73	0.93

注：T1，第 1 次测量；T2，第 2 次测量；T3，第 3 次测量；T4，第 4 次测量；COQ，网络社会排斥；OAS，网络攻击行为；MDQ，道德推脱。下同。

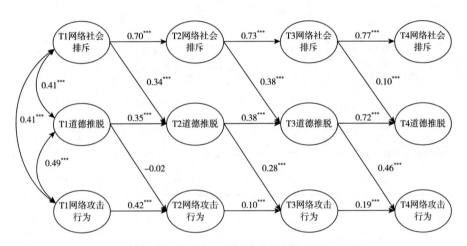

图 3-8　道德推脱中介作用的单向回归模型（M2）

表 3-17　M2 单向回归模型系数

路径	偏回归系数		标化系数			95% CI	
	系数 ($\beta/Coef$)	标准误 (SE)	t	p	(β)	上限	下限
T1COQ→T2COQ	0.74	0.03	21.58	<0.001	0.70	0.66	0.74
T2COQ→T3COQ	0.78	0.03	27.45	<0.001	0.73	0.68	0.78
T3COQ→T4COQ	0.78	0.03	30.20	<0.001	0.77	0.73	0.81
T1MDQ→T2MDQ	0.37	0.03	13.17	<0.001	0.35	0.29	0.39
T2MDQ→T3MDQ	0.41	0.02	21.35	<0.001	0.38	0.34	0.41
T3MDQ→T4MDQ	0.72	0.03	23.78	<0.001	0.72	0.66	0.76

续表

路径	偏回归系数		标化系数			95% CI	
	系数 ($\beta/Coef$)	标准误 (SE)	t	p	(β)	上限	下限
T1OAS→T2OAS	0.52	0.19	2.80	<0.001	0.42	0.27	0.58
T2OAS→T3OAS	0.13	0.02	5.55	<0.001	0.10	0.06	0.15
T3OAS→T4OAS	0.21	0.02	9.99	<0.001	0.19	0.15	0.24
T1COQ→T2MDQ	0.37	0.03	13.17	<0.001	0.34	0.30	0.37
T2COQ→T3MDQ	0.41	0.02	21.35	<0.001	0.38	0.33	0.39
T3COQ→T4MDQ	0.10	0.03	3.69	<0.001	0.10	0.05	0.15
T1MDQ→T2OAS	−0.01	0.02	−0.35	0.726	−0.02	−0.13	0.07
T2MDQ→T3OAS	0.13	0.02	5.55	<0.001	0.28	0.16	0.37
T3MDQ→T4OAS	0.21	0.02	9.99	<0.001	0.46	0.39	0.50
T1COQ→T2MDQ→T3OAS	0.047	0.009	5.24	<0.001		0.028	0.063
T2COQ→T3MDQ→T4OAS	0.087	0.008	10.67	<0.001		0.072	0.101

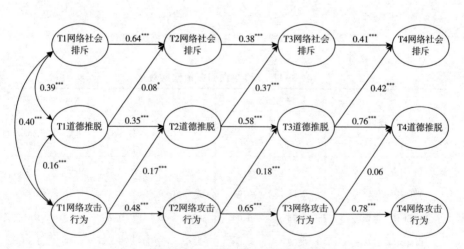

图 3-9 道德推脱中介作用的单向回归模型 （M3）

表 3-18　M3 单向回归模型系数

路径	偏回归系数		标化系数			95% CI	
	系数（β/Coef）	标准误（SE）	t	p	（β）	上限	下限
T1COQ→T2COQ	0.67	0.03	20.01	<0.001	0.64	0.58	0.69
T2COQ→T3COQ	0.39	0.02	21.61	<0.001	0.38	0.34	0.41
T3COQ→T4COQ	0.42	0.014	29.21	<0.001	0.41	0.39	0.44
T1MDQ→T2MDQ	0.59	0.15	3.84	<0.001	0.35	0.44	0.61
T2MDQ→T3MDQ	0.63	0.025	24.84	<0.001	0.58	0.53	0.63
T3MDQ→T4MDQ	0.78	0.03	29.13	<0.001	0.76	0.71	0.81
T1OAS→T2OAS	0.60	0.15	4.07	<0.001	0.48	0.34	0.59
T2OAS→T3OAS	0.85	0.09	10.03	<0.001	0.65	0.49	0.76
T3OAS→T4OAS	0.86	0.05	17.14	<0.001	0.78	0.70	0.85
T1MDQ→T2COQ	0.09	0.04	2.38	<0.05	0.08	0.01	0.15
T2MDQ→T3COQ	0.39	0.02	21.61	<0.001	0.37	0.34	0.40
T3MDQ→T4COQ	0.42	0.014	29.21	<0.001	0.42	0.40	0.44
T1OAS→T2MDQ	0.58	0.06	10.55	<0.001	0.17	0.15	0.20
T2OAS→T3MDQ	0.63	0.03	24.83	<0.001	0.18	0.17	0.28
T3OAS→T4MDQ	0.12	0.07	1.77	0.077	0.06	-0.01	0.10
T1OAS→T2MDQ→T3COQ	0.226	0.024	9.75	<0.001		0.18	0.27
T2OAS→T3MDQ→T4COQ	0.264	0.013	20.03	<0.001		0.24	0.29

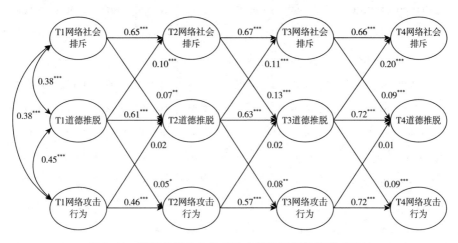

图 3-10　道德推脱中介作用的交叉滞后回归模型（M4）

表 3-19　M4 道德推脱纵向中介交叉滞后回归模型系数

路径	偏回归系数		标化系数			95% CI	
	系数 ($\beta/Coef$)	标准误 (SE)	t	p	(β)	上限	下限
T1COQ→T2COQ	0.67	0.03	19.61	<0.001	0.65	0.59	0.70
T2COQ→T3COQ	0.71	0.03	22.01	<0.001	0.67	0.61	0.72
T3COQ→T4COQ	0.67	0.03	21.25	<0.001	0.66	0.61	0.72
T1MDQ→T2MDQ	0.68	0.04	18.97	<0.001	0.61	0.56	0.68
T2MDQ→T3MDQ	0.68	0.04	18.90	<0.001	0.63	0.57	0.70
T3MDQ→T4MDQ	0.73	0.03	24.68	<0.001	0.72	0.67	0.77
T1OAS→T2OAS	0.57	0.18	3.22	<0.001	0.46	0.31	0.64
T2OAS→T3OAS	0.73	0.10	7.68	<0.001	0.57	0.40	0.73
T3OAS→T4OAS	0.81	0.06	13.72	<0.001	0.72	0.62	0.81
T1MDQ→T2COQ	0.11	0.03	3.19	0.001	0.10	0.04	0.16
T2MDQ→T3COQ	0.11	0.03	3.49	<0.001	0.11	0.05	0.17
T3MDQ→T4COQ	0.19	0.03	6.49	<0.001	0.20	0.13	0.25
T1OAS→T2MDQ	0.05	0.24	0.18	0.854	0.02	−0.12	0.14
T2OAS→T3MDQ	0.07	0.13	0.54	0.588	0.02	−0.05	0.11
T3OAS→T4MDQ	0.10	0.07	1.43	0.153	0.01	−0.02	0.11
T1COQ→T2MDQ	0.07	0.03	2.15	<0.01	0.07	0.01	0.13
T2COQ→T3MDQ	0.15	0.03	4.78	<0.001	0.13	0.08	0.19
T3COQ→T4MDQ	0.09	0.03	3.28	<0.001	0.09	0.04	0.14
T1MDQ→T2OAS	0.07	0.03	2.29	<0.05	0.05	0.01	0.11
T2MDQ→T3OAS	0.04	0.02	2.01	<0.01	0.08	0.01	0.17
T3MDQ→T4OAS	0.04	0.02	2.44	<0.001	0.09	0.02	0.15
T1COQ→T2MDQ→T3OAS	0.003	0.001	2.01	<0.05		0.001	0.008
T2COQ→T3MDQ→T4OAS	0.006	0.003	2.25	<0.05		0.002	0.012
T1OAS→T2MDQ→T3COQ	0.005	0.030	0.17	0.863		−0.043	0.076
T2OAS→T3MDQ→T4COQ	0.013	0.020	0.64	0.594		−0.032	0.065

四　讨论

本研究的重复测量方差分析结果表明，大学生网络社会排斥与道德推脱的性别的主效应及交互效应均不显著，这说明网络社会排斥及道德推脱是一种无差别的心理体验。同时，大学生网络社会排斥及道德推脱测量时间的主效应显著，这说明网络社会排斥、道德推脱并不是稳定不变的，而是随着时间的变化而变化的。此外，大学生网络攻击行为的年级主效应不显著，说明网络攻击行为的产生与年级无关，而性别、专业主效应显著，男生大于女生，工科高于文科和理科，这说明实施网络攻击行为的性别以男性为主，他们在使用网络过程中的攻击性更强。

本研究的相关分析表明，4 次追踪的各变量均呈显著正相关，这说明网络社会排斥和道德推脱及大学生网络攻击行为呈同步调的变化。经过以变量为中心的交叉滞后检验发现，在网络社会排斥对大学生网络攻击行为的长期影响过程中，道德推脱起稳定的纵向中介作用，两条交叉滞后效应为 0.003 和 0.006，属于小效应，但在统计上均显著，这说明网络社会排斥是道德推脱的前因，而道德推脱同时也是网络攻击行为的前因，这验证了本研究的假设 H7。简而言之，大学生遭受网络社会排斥以后，会有一系列的负性心理体验（如抑郁、焦虑、压力等），这些负性心理体验会进一步影响大学生道德推脱水平，提升道德推脱的阈限值，大学生的行动能力也随之增强，认知判断降低，当这些大学生在接触到不利于自己的网络信息刺激时，会立马表现出网络攻击行为，这也是大学生出现网络攻击行为的本质原因。本研究同时也表明，网络社会排斥是大学生道德推脱出现的前因变量，而道德推脱是大学生网络攻击行为出现的前因变量。也就是说，道德推脱在网络社会排斥与大学生网络攻击行为间的纵向中介作用是成立且稳定的，这为道德推脱认知理论的成立又增添了纵向研究的证据（杨继平等，2010；Bandura，1986、1990、1999、2002；Bandura et al.，1996a、1996b）。

五　结论

（1）T1、T2、T3、T4 网络社会排斥、大学生网络攻击行为及道德推脱两两呈显著正相关。

（2）网络社会排斥对大学生网络攻击行为的长期影响中，道德推脱起稳定的纵向中介作用。

第四节　网络社会排斥对大学生内隐网络攻击性的影响：道德推脱的纵向中介作用

一　引言

以往的研究表明，在网络环境下，与个体身份有关的信息（如高矮胖瘦等）对于攻击行为的表达并不起作用（Barlett et al., 2016），但在这种匿名的环境下，这些消极的负性刺激却是促使个体内隐网络攻击性水平升高的影响因素。也就是说，个体在虚拟的网络环境下，持续接受一系列的负性刺激，这会导致个体对这些负性刺激进行被动的加工学习，以应对情绪反应系统的不适。个体在被动地学习这些负性刺激的过程中，也就习得了网络攻击的图式和信念，其内隐网络攻击性水平也在潜移默化的过程中得到了提高。因此，虚拟网络环境下的负性刺激接触是大学生内隐网络攻击性水平升高的直接原因。同时，以往的研究也发现，青少年接触负性的网络刺激信息（如网络暴力材料、暴力电子游戏等）会促使其内隐攻击性水平升高（李东阳，2012；田媛等，2011a）。同时，道德推脱也可以显著预测个体内隐攻击性（张迎迎，2018）。因此，基于已有的研究，我们有理由推测，当大学生在使用网络过程中遭受他人排斥时，其愤怒水平升高，情绪系统失去灵活性，判断能力降低，进而道德推脱水平升高，并最终促使内隐网络攻击性升高，即道德推脱在网络社会排斥与大学生内隐网络攻击性间起中介作用。于是，本研究提出假设 H8：在网络社会排斥对大学生内隐网络攻击性的长期影响中，道德推脱起稳定的纵向中介作用。

因此，本研究拟采用追踪研究的方法，进一步探讨道德推脱在网络社会排斥对大学生内隐网络攻击性影响过程中的纵向中介作用，以期进一步丰富网络心理学的研究内容和完善内隐网络攻击性的理论发展机制。

二 方法

（一）研究对象

本研究采用整群随机抽样的方法，选取江苏省、河南省、福建省、甘肃省、辽宁省、黑龙江省及内蒙古自治区 7 省区共 7 所本科院校的 2000 名本科生为被试进行为期 4 个月的追踪。第 1 次追踪时间为 2019 年 9 月 16 日至 23 日，共发放问卷 2000 份，收回有效问卷 1734 份，有效作答率为 86.7%。在 1734 名有效作答问卷的学生中男生 793 人，女生 941 人；大一 616 人，大二 268 人，大三 496 人，大四 354 人；文科 776 人，理科 498 人，工科 460 人；被试年龄范围为 16~24 岁，平均年龄为 19.39±1.43 岁，年龄信息缺失 23 人。第 2 次追踪时间为 2019 年 10 月 16 日至 23 日，共发放问卷 2000 份，考虑到第 1 次追踪测量为基线水平，故第 2 次追踪实际问卷的数量为 1734 份（排除第一次未作答的被试但第二次作答了的被试），共收回有效问卷 1487 份，被试流失 247 人，问卷有效作答为 85.8%，被试流失率 14.2%。在 1487 名有效作答问卷的学生中男生 630 人，女生 857 人；大一 520 人，大二 234 人，大三 455 人，大四 278 人；文科 709 人，理科 417 人，工科 361 人；被试年龄范围为 16~24 岁，平均年龄为 19.43±1.44 岁，年龄信息缺失 21 人。第 3 次追踪时间为 2019 年 11 月 18 日至 25 日，共发放问卷 2000 份，考虑到第 1 次追踪测量为基线水平，故第 3 次追踪实际问卷的数量为 1734 份，共收回有效问卷 1525 份，被试流失 209 人，问卷有效作答率为 87.9%，被试流失率 12.1%。在 1525 名有效作答问卷的学生中男生 673 人，女生 852 人；大一 523 人，大二 240 人，大三 471 人，大四 291 人；文科 721 人，理科 424 人，工科 380 人；被试年龄范围为 16~24 岁，平均年龄为 19.44±1.44 岁，年龄信息缺失 231 人。第 4 次追踪时间为 2019 年 12 月 15 日至 21 日，考虑到第 1 次追踪测量为基线水平，故第 4 次追踪实际问卷的数量为 1734 份，共收回有效问卷 1476 份，被试流失 258 人，问卷有效作答率为 85.1%，被试流失率 14.9%。在 1476 名有效作答问卷的学生中男生 681 人，女生 795 人；大一 531 人，大二 232 人，大三 421 人，大四 292 人；文科 666 人，理科 447 人，工科 363 人；被试年龄范围为 16~24 岁，平均年龄为 19.00±1.45 岁，年龄信息缺失 279 人。

（二）研究工具

（1）网络社会排斥问卷（Cyber-ostracism Questionnaire, COQ）。本研究采用童媛添（2015）编制的《大学生网络社会排斥问卷》。该问卷主要用于测量大学生在使用网络过程中遭受排斥的程度，得分越高，排斥体验越强烈。问卷共 14 个条目，采用 1（从未）~5（总是）五点计分，无反向计分条目，问卷包含了网络个体聊天（主要指大学生在网络平台上进行一对一的互动过程中的排斥体验）、网络群体聊天（主要指大学生在网络平台上进行群体聊天的互动过程中的排斥体验）和网络个人空间（主要指大学生在网络平台上表露时的排斥体验，如朋友圈、QQ 空间、微博平台等）3 个维度。在第 1 次追踪研究中，问卷整体的 Cronbach's α 系数为 0.91，网络个体聊天维度的 Cronbach's α 系数为 0.85，网络群体聊天维度的 Cronbach's α 系数为 0.86，网络个人空间维度的 Cronbach's α 系数为 0.74；在第 2 次追踪研究中，问卷整体的 Cronbach's α 系数为 0.94，网络个体聊天维度的 Cronbach's α 系数为 0.89，网络群体聊天维度的 Cronbach's α 系数为 0.89，网络个人空间维度的 Cronbach's α 系数为 0.80；在第 3 次追踪研究中，问卷整体的 Cronbach's α 系数为 0.96，网络个体聊天维度的 Cronbach's α 系数为 0.93，网络群体聊天维度的 Cronbach's α 系数为 0.91，网络个人空间维度的 Cronbach's α 系数为 0.86；在第 4 次追踪研究中，问卷整体的 Cronbach's α 系数为 0.96，网络个体聊天维度的 Cronbach's α 系数为 0.93，网络群体聊天维度的 Cronbach's α 系数为 0.92，网络个人空间维度的 Cronbach's α 系数为 0.85。

（2）内隐网络攻击性词干补笔测验问卷（Implicit Cyber-Aggressive Word Stem Completion Questionnaire，ICAWSCQ）。内隐网络攻击性的测量采用《内隐网络攻击性词干补笔测验问卷》，由研究者参考《青少年内隐攻击性词干补笔测验》（田媛，2009）自行编制。问卷中呈现目标字和探测字。探测字与目标字中的任意一个字均能组成词语（目标词、干扰词、中性词）。当被试选中的字是代表内隐网络攻击性的词语时（目标词），得1分，当选中其他的字时（干扰词、中性词）不得分，最后求出被试选择目标词的总分，即为本研究因变量指标得分。被试得分越高，说明其内隐网络攻击性越强。施测过程中，目标字以拉丁方的形式呈现，以降低空间误差。被试在拿到问卷后，要求从备选的3个目标字中选择一个字，可以与探测字组成词语，但并不知道实验的真实目的。

例：探测字： 躺（ ）

目标字： 1. 枪（目标词） 2. 尸（干扰词） 3. 卧（中性词）

（3）中文版道德推脱问卷（Moral Disengagement Questionnaire，MDQ）。本研究采用王兴超和杨继平（2010）修订的《中文版道德推脱问卷》。该问卷主要测量大学生的道德推脱水平，被试得分越高，道德推脱水平越高。问卷共26个条目，采用1（完全不同意）~5（完全同意）五点计分，无反向计分题目。问卷包含了道德辩护（个体出现违反道德的行为时，为自己不良的行为在道德上的可接受性做辩护解释）、委婉标签（个体通过一些中立的道德语言使自己违反道德的行为变得可接受）、有利比较（个体将更不道德的行为与自己不道德的行为相比较，从而使自己的不道德行为造成的后果可忽略）、责任转移（个体将自己不道德行为的责任归因于他人）、责任分散（通常出现在集体情境下，即自己的不道德行为是与集体有关的）、忽视或扭曲结果（个体选择性的忽视由自己不道德行为产生的不良后果，从而避免负性情绪）、非人性化（个体通过贬低他人而将自己的不道德行为进行合理化）、责备归因（个体过分强调别人的过错而使自己的道德责任被忽略）8个维度（杨继平等，2015）。

在4次追踪研究中，问卷整体的Cronbach's α系数分别为0.91、0.94、0.95、0.96，道德辩护维度的Cronbach's α系数分别为0.72、0.80、0.84、

0.86，委婉标签维度的 Cronbach's α 系数分别为 0.63、0.66、0.73、0.71，有利比较维度的 Cronbach's α 系数分别为 0.76、0.85、0.89、0.89，责任转移维度的 Cronbach's α 系数分别为 0.73、0.79、0.85、0.87，责任分散维度的 Cronbach's α 系数分别为 0.65、0.72、0.77、0.73，忽视或扭曲结果维度的 Cronbach's α 系数分别为 0.70、0.78、0.84、0.84，非人性化维度的 Cronbach's α 系数分别为 0.70、0.76、0.82、0.83，责备归因维度的 Cronbach's α 系数分别为 0.75、0.80、0.83、0.86。

（三）统计方法

本研究采用 SPSS 25.0、Mplus 8.3 统计软件进行数据处理。同样的，首先检验本次研究中所有变量的缺失机制。采用 Little's MCAR 检验，检验结果发现，Little's MCAR $\chi^2_{(367)} = 92.72$，$p > 0.05$，于是可以认为，本研究数据缺失机制为随机缺失，故采用完全信息最大似然估计法（FIML）对缺失值进行处理（王济川等，2015）。其次，采用重复测量方差分析考察测量时间（T1、T2、T3、T4）分别与性别（男、女）、年级（大一、大二、大三、大四）及专业（文科、理科、工科）在大学生内隐网络攻击性上的差异，效果量用 η_p^2 表示，事后检验采用 LSD 法；然后，采用皮尔逊积差相关探讨 4 次追踪的变量之间的关系。最后，采用潜变量交叉滞后模型考察道德推脱的中介作用。

三 结果

（一）各主变量的人口学差异分析

以大学生内隐网络攻击性均分为因变量，以测量时间（T1、T2、T3、T4）为被试内因素，分别以性别、年级、专业为被试间因素进行重复测量方差分析。结果表明如下几点。

（1）性别的主效应不显著（$F_{(1, 1207)} = 1.47$，$p > 0.05$，$\eta_p^2 = 0.001$，$1-\beta = 0.23$），测量时间的主效应不显著（$F_{(3, 3621)} = 2.17$，$p > 0.05$，$\eta_p^2 = 0.002$，$1-\beta = 0.55$），测量时间与性别的交互效应不显著（$F_{(3, 3621)} = 0.18$，$p >$

0.05，$\eta_p^2 = 0.001$，$1-\beta = 0.08$）。

（2）年级的主效应不显著（$F_{(3, 1205)} = 1.51$，$p > 0.05$，$\eta_p^2 = 0.004$，$1-\beta = 0.40$），测量时间的主效应不显著（$F_{(3, 3615)} = 1.61$，$p > 0.05$，$\eta_p^2 = 0.001$，$1-\beta = 0.43$），测量时间与性别的交互效应不显著（$F_{(9, 3615)} = 0.74$，$p > 0.05$，$\eta_p^2 = 0.002$，$1-\beta = 0.38$）。

（3）专业的主效应不显著（$F_{(2, 1206)} = 0.76$，$p > 0.05$，$\eta_p^2 = 0.001$，$1-\beta = 0.18$），测量时间的主效应不显著（$F_{(3, 3618)} = 1.79$，$p > 0.05$，$\eta_p^2 = 0.001$，$1-\beta = 0.647$），测量时间与专业交互效应不显著（$F_{(6, 3618)} = 0.79$，$p > 0.05$，$\eta_p^2 = 0.001$，$1-\beta = 0.32$）。其他描述性统计信息见表 3-20。

表 3-20　大学生内隐网络攻击性在各人口学变量中的描述性统计（$M \pm SD$）

测量时间	性别		年级				专业		
	男	女	大一	大二	大三	大四	文科	理科	工科
T1	0.23±0.14	0.22±0.14	0.23±0.14	0.22±0.14	0.23±0.14	0.22±0.13	0.23±0.14	0.23±0.15	0.22±0.14
T2	0.22±0.14	0.22±0.15	0.21±0.14	0.22±0.15	0.22±0.15	0.22±0.14	0.22±0.15	0.22±0.13	0.22±0.14
T3	0.24±0.15	0.23±0.15	0.24±0.15	0.21±0.15	0.24±0.15	0.24±0.16	0.23±0.15	0.23±0.15	0.23±0.15
T4	0.23±0.15	0.22±0.15	0.23±0.15	0.20±0.15	0.22±0.14	0.24±0.15	0.22±0.15	0.22±0.15	0.24±0.15

（二）各主变量的相关分析

对本研究各主变量进行描述性统计和积差相关分析，结果发现：（1）T1 道德推脱与 T2、T3、T4 内隐网络攻击性均呈显著正相关，相关系数在 0.16~0.18（均 $p < 0.01$）；（2）T2 网络社会排斥与 T3、T4 道德推脱均呈显著正相关，相关系数在 0.33~0.36（均 $p < 0.01$）；（3）T2 网络社会排斥与 T3、T4 内隐网络攻击性均呈显著正相关，相关系数在 0.14~0.17（均 $p < 0.01$）；（4）T2 道德推脱与 T3、T4 内隐网络攻击性均呈显著正相关，相关系数分别为 0.17、0.20（均 $p < 0.01$）；（5）T3 网络社会排斥与 T4 内隐网络攻击性呈显著正相关（$r = 0.14$，$p < 0.01$）；（6）T3网络社会排斥与 T4 道德推脱呈显著正相关（$r = 0.43$，$p < 0.01$）；（7）T3 道德推脱与 T4 内隐

网络攻击性呈显著正相关（$r=0.16$，$p<0.01$）。具体见表 3-13。

（三）道德推脱在网络社会排斥对大学生内隐网络攻击性影响的纵向中介作用

同样的，首先检验纵向中介过程中模型的等值性。本研究分别检验形态等值、弱等值、强等值、因子方差等值及误差方差等值 5 个模型。按照拟合指数差异法（王孟成，2014），当差异量小于 0.01 时，表明不存在显著差异；当差异量在 0.01 至 0.02 之间时，表明存在中等差异；当差异量大于 0.02 时，表明存在显著差异。本研究的检验结果发现，当限制模型为强等值时，与弱等值相比，其 ΔCFI 变化 0.014，ΔTLI 变化 0.013，ΔRMSEA 变化 0.004，除 ΔRMSEA 外，其他指标变化均介于 0.01 ~ 0.02，属于中等差异，说明模型开始恶化，但弱等值模型与形态等值模型相比，其 ΔCFI 变化 0.001，ΔTLI 及 ΔRMSEA 均没有明显发生变化，这说明模型满足弱等值假设。因此，可以认为，本研究的纵向模型在 4 次追踪过程中等值（见表 3-21）。

表 3-21　道德推脱在网络社会排斥与大学生内隐网络攻击性间中介模型的纵向测量不变性

模型	χ^2	χ^2/df	$\Delta\chi^2$	p	CFI	ΔCFI	TLI	ΔTLI	RMSEA	ΔRMSEA
形态等值	4129.987	4.19	–	<0.001	0.943	–	0.935	–	0.043	–
弱等值	4234.828	4.18	104.841	<0.001	0.942	0.001	0.935	0.000	0.043	0.000
强等值	5007.696	4.82	772.868	<0.001	0.928	0.014	0.922	0.013	0.047	0.004
因子方差等值	5032.024	4.83	24.328	<0.001	0.928	0.000	0.922	0.000	0.046	0.001
误差方差等值	6110.955	5.68	1078.931	<0.001	0.909	0.019	0.905	0.017	0.052	0.006

注：ΔCFI，ΔTLI，ΔRMSEA 值为当前模型与上一个模型差值的绝对值。

然后，采用偏差矫正的非参数百分位 Bootstrap 法考察道德推脱在网络社会排斥对大学生内隐网络攻击性影响的纵向中介作用，研究共重复抽样 2000 次（温忠麟、叶宝娟，2014）。同样的，按照刘文、刘红云和李红利（2015）的观点，在进行交叉滞后检验时，需要设置至少包括自回归模型、交叉滞后回归模型（不含自回归）、同时包含自回归和交叉滞后回归的模型进行竞争检验。因此，按照刘文、刘红云和李红利（2015）的做法，本研究共设置 4 个模型（M1、M2、M3 及 M4）。其中，M1、M2 及 M3 均为竞争模型，M4 为研究模型。M1 只包含自回归，不包含交叉滞后回归；M2、M3 包含自回归和单向交叉滞后回归；M4 包含了自回归和交叉滞后回归。缺失值采用完全信息最大似然估计法（FIML）进行处理（王济川等，2015）。在本研究模型中，同一时间点两个不同的潜变量误差相关，不同时间点同一潜变量中相同的观察变量误差相关，相同潜变量中的观察变量的误差均不相关。考虑到模型的简约性和可视化，本文中的图不再连接误差相关。模型如图 3-11 至图 3-14 所示。各模型路径系数如表 3-23 至表 3-26 所示。

　　模型拟合结果显示，本研究的理论 M4 模型的拟合度要明显优于竞争模型 M1、M2 和 M3（见表 3-22）。数据结果显示，在模型 M4 中，T2 道德推脱在 T1 网络社会排斥对 T3 内隐网络攻击性影响中的中介作用显著（$ab = 0.002$，$p < 0.05$，$95\% CI$：$0.001 \sim 0.008$）；虽然 T1 内隐网络攻击性对 T2 道德推脱、T2 道德推脱对 T3 网络社会排斥预测作用均显著（$\beta = 0.05$，$p < 0.05$；$\beta = 0.12$，$p < 0.01$），但基于 Bootstrap 法重复抽样显示，T2 道德推脱在 T1 内隐网络攻击性对 T3 网络社会排斥影响的路径中的中介作用不显著（$ab = 0.023$，$p > 0.05$，$95\% CI$：$-0.043 \sim 0.076$），这说明 T2 道德推脱在"T1 内隐网络攻击性→T2 道德推脱→T3 网络社会排斥"的路径中的中介作用不稳定，因此，不能说道德推脱在内隐网络攻击性对网络社会排斥间影响的中介作用成立。研究同时发现，T3 道德推脱在 T2 网络社会排斥对 T4 内隐网络攻击性影响中的中介作用显著（$ab = 0.002$，$p < 0.05$，$95\% CI$：$0.001 \sim 0.012$），而 T3 道德推脱在 T2 内隐网络攻击性对 T4 网络社会排斥影响的路径中的中介作用不显著（$ab = <-0.001$，$p > 0.05$，$95\% CI$：$-0.032 \sim 0.065$）。因此，综合以上研究结果，我们可以认为，道德推脱在网络社会排斥对大学生内隐网络攻击性影响中的纵向中介作用成立，即在网络社会排斥对大学生内隐网络攻击性的长期影响中，道德推脱起稳定的中介作用。

表 3-22 各模型拟合对比

Model	$\chi^2 c$	χ^2/df	CFI	TLI	RMSEA	模型竞争检验		
						comparison	$\triangle \chi^2$	$\triangle df$
M1	5229.518	4.97	0.94	0.92	0.05	1 vs. 4	221.82 ***	12
M2	5129.076	4.91	0.93	0.92	0.05	2 vs. 4	121.38 ***	10
M3	5457.044	5.20	0.92	0.92	0.05	3 vs. 4	449.35 ***	10
M4	5007.696	4.82	0.93	0.92	0.05			

注：*** $p<0.001$。

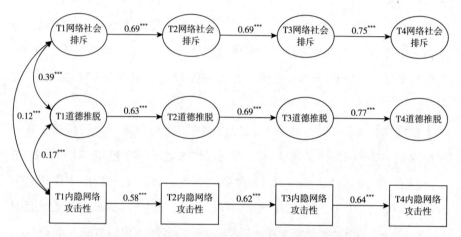

图 3-11 网络社会排斥对大学生内隐网络攻击性的自回归模型（M1）

表 3-23 M1 自回归模型系数

路径	偏回归系数		标化系数			95% CI	
	系数 ($\beta/Coef$)	标准误 (SE)	t	p	(β)	上限	下限
T1COQ→T2COQ	0.71	0.03	21.81	<0.001	0.69	0.64	0.73
T2COQ→T3COQ	0.72	0.03	23.81	<0.001	0.69	0.63	0.74
T3COQ→T4COQ	0.76	0.03	28.62	<0.001	0.75	0.71	0.78
T1MDQ→T2MDQ	0.69	0.04	19.73	<0.001	0.63	0.58	0.68
T2MDQ→T3MDQ	0.73	0.03	23.74	<0.001	0.69	0.62	0.74
T3MDQ→T4MDQ	0.77	0.02	31.50	<0.001	0.77	0.73	0.81
T1ICA→T2ICA	0.61	0.03	23.74	<0.001	0.58	0.54	0.62
T2ICA→T3ICA	0.64	0.02	29.68	<0.001	0.62	0.58	0.65
T3ICA→T4ICA	0.63	0.02	27.33	<0.001	0.64	0.60	0.67

注：T1，第1次测量；T2，第2次测量；T3，第3次测量；T4，第4次测量；COQ，网络社会排斥；ICA，内隐网络攻击性；MDQ，道德推脱。下同。

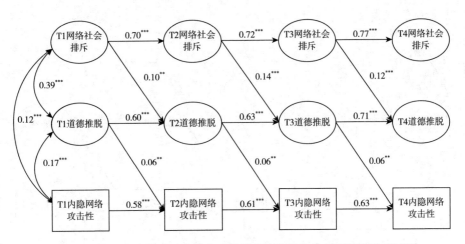

图 3-12 网络社会排斥对大学生内隐网络攻击性的单向回归模型（M2）

表 3-24 M2 单向回归模型系数

路径	偏回归系数		标化系数			95% CI	
	系数（β/Coef）	标准误（SE）	t	p	(β)	上限	下限
T1COQ→T2COQ	0.74	0.03	22.23	<0.001	0.70	0.66	0.75
T2COQ→T3COQ	0.75	0.03	27.51	<0.001	0.72	0.67	0.77
T3COQ→T4COQ	0.78	0.03	30.90	<0.001	0.77	0.73	0.80
T1MDQ→T2MDQ	0.65	0.04	18.76	<0.001	0.60	0.54	0.65
T2MDQ→T3MDQ	0.76	0.03	19.30	<0.001	0.63	0.56	0.69
T3MDQ→T4MDQ	0.71	0.03	24.34	<0.001	0.71	0.66	0.76
T1ICA→T2ICA	0.60	0.03	23.13	<0.001	0.58	0.54	0.62
T2ICA→T3ICA	0.63	0.02	28.42	<0.001	0.61	0.57	0.65
T3ICA→T4ICA	0.62	0.02	28.42	<0.001	0.63	0.59	0.67
T1COQ→T2MDQ	0.11	0.03	3.06	0.002	0.10	0.03	0.15
T2COQ→T3MDQ	0.15	0.03	4.82	<0.001	0.14	0.09	0.20
T3COQ→T4MDQ	0.12	0.03	4.37	<0.001	0.12	0.07	0.17
T1MDQ→T2ICA	0.02	0.01	2.61	0.009	0.06	0.01	0.10
T2MDQ→T3ICA	0.02	0.01	2.78	0.006	0.06	0.02	0.11
T3MDQ→T4ICA	0.02	0.01	2.46	<0.01	0.06	0.01	0.10
T1COQ→T2MDQ→T3ICA	0.002	0.001	2.03	<0.05		0.001	0.004
T2COQ→T3MDQ→T4ICA	0.003	0.001	2.08	<0.05		0.001	0.005

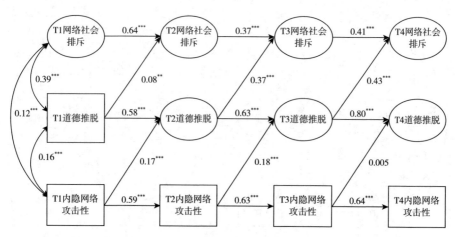

图 3-13　网络社会排斥对大学生内隐网络攻击性的单向回归模型（M3）

表 3-25　M3 单向回归模型系数

路径	偏回归系数		标化系数			95% CI	
	系数 (β/Coef)	标准误 (SE)	t	p	(β)	上限	下限
T1COQ→T2COQ	0.67	0.04	18.09	<0.001	0.64	0.58	0.70
T2COQ→T3COQ	0.38	0.02	21.67	<0.001	0.37	0.33	0.41
T3COQ→T4COQ	0.42	0.01	30.37	<0.001	0.41	0.38	0.43
T1MDQ→T2MDQ	0.63	0.03	19.96	<0.001	0.58	0.53	0.62
T2MDQ→T3MDQ	0.69	0.02	28.65	<0.001	0.63	0.58	0.67
T3MDQ→T4MDQ	0.81	0.02	36.66	<0.001	0.80	0.76	0.83
T1ICA→T2ICA	0.62	0.03	24.89	<0.001	0.59	0.55	0.63
T2ICA→T3ICA	0.65	0.02	29.65	<0.001	0.63	0.59	0.66
T3ICA→T4ICA	0.63	0.02	27.62	<0.001	0.64	0.60	0.68
T1MDQ→T2COQ	0.09	0.04	2.50	0.012	0.08	0.01	0.15
T2MDQ→T3COQ	0.38	0.02	21.67	<0.001	0.37	0.34	0.40
T3MDQ→T4COQ	0.42	0.01	30.37	<0.001	0.43	0.41	0.45
T1ICA→T2MDQ	0.63	0.03	19.96	<0.001	0.17	0.15	0.18
T2ICA→T3MDQ	0.69	0.02	28.65	<0.001	0.18	0.16	0.19
T3ICA→T4MDQ	0.02	0.07	0.285	0.766	0.005	-0.03	0.04
T1ICA→T2MDQ→T3COQ	0.240	0.015	15.81	<0.001		0.21	0.27
T2ICA→T3MDQ→T4COQ	0.286	0.013	22.59	<0.001		0.26	0.31

表 3-26　**M4 道德推脱纵向中介交叉滞后回归模型系数**

路径	偏回归系数		标化系数			95% CI	
	系数 (β/Coef)	标准误 (SE)	t	p	(β)	上限	下限
T1COQ→T2COQ	0.69	0.04	19.44	<0.001	0.66	0.60	0.71
T2COQ→T3COQ	0.69	0.03	20.89	<0.001	0.66	0.60	0.71
T3COQ→T4COQ	0.67	0.03	20.53	<0.001	0.66	0.60	0.72
T1MDQ→T2MDQ	0.67	0.04	18.52	<0.001	0.61	0.56	0.66
T2MDQ→T3MDQ	0.70	0.03	22.48	<0.001	0.66	0.59	0.71
T3MDQ→T4MDQ	0.73	0.03	24.68	<0.001	0.74	0.69	0.79
T1ICA→T2ICA	0.60	0.03	23.64	<0.001	0.58	0.54	0.62
T2ICA→T3ICA	0.63	0.02	28.34	<0.001	0.61	0.57	0.64
T3ICA→T4ICA	0.62	0.02	26.03	<0.001	0.63	0.59	0.67
T1MDQ→T2COQ	0.10	0.03	3.09	0.002	0.10	0.04	0.16
T2MDQ→T3COQ	0.14	0.03	4.24	<0.001	0.12	0.05	0.18
T3MDQ→T4COQ	0.19	0.03	6.41	<0.001	0.20	0.13	0.25
T1ICA→T2MDQ	0.20	0.08	2.34	<0.01	0.05	0.01	0.09
T2ICA→T3MDQ	-0.002	0.08	-0.03	0.977	-0.001	-0.04	0.04
T3ICA→T4MDQ	0.04	0.07	0.59	0.557	0.01	-0.03	0.04
T1COQ→T2MDQ	0.09	0.03	2.63	0.009	0.08	0.02	0.14
T2COQ→T3MDQ	0.17	0.04	4.24	<0.001	0.12	0.07	0.17
T3COQ→T4MDQ	0.10	0.03	3.51	0.001	0.09	0.04	0.14
T1MDQ→T2ICA	0.02	0.01	2.78	0.005	0.06	0.02	0.10
T2MDQ→T3ICA	0.02	0.01	2.97	0.003	0.07	0.03	0.12
T3MDQ→T4ICA	0.01	0.004	2.43	<0.01	0.06	0.01	0.10
T1COQ→T2MDQ→T3ICA	0.002	0.001	1.99	<0.05		0.001	0.008
T2COQ→T3MDQ→T4ICA	0.002	<0.001	2.00	<0.05		0.001	0.012
T1ICA→T2MDQ→T3COQ	0.023	0.012	1.85	0.063		-0.043	0.076
T2ICA→T3MDQ→T4COQ	<-0.001	0.016	-0.028	0.978		-0.032	0.065

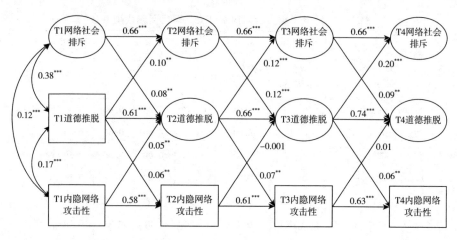

图 3-14　道德推脱中介作用的交叉滞后回归模型（M4）

四　讨论

本研究发现，大学生内隐网络攻击性的性别、年级、专业的主效应均不显著，且 4 次测量的各主变量均呈显著正相关。这体现了内隐网络攻击性的稳定性特点，说明内隐网络攻击性是个体的共性，它可以在没有刺激的环境中保持独立的稳定特质。

本研究的交叉滞后研究结果显示，4 次测量的网络社会排斥与道德推脱可以相互正向预测，这说明网络社会排斥可以引发大学生出现道德推脱现象，而道德推脱也可以反过来再次作用于网络社会排斥。当加入内隐网络攻击性后，T1、T2、T3 道德推脱可以分别显著正向预测一个月后的 T2、T3、T4 大学生内隐网络攻击性，而 T2 内隐网络攻击性对 T3 道德推脱的预测作用不显著，T3 内隐网络攻击性对 T4 道德推脱的预测作用不显著，但 T1 内隐网络攻击性却显著正向预测 T2 道德推脱。于是，我们可以认为，道德推脱可能是导致大学生内隐网络攻击性升高的原因，这验证了本研究的假设 H8。虽然问卷法的内部效度低于实验法，其促使个体在短时间内的内隐网络攻击性提升就有所困难，这导致两条显著的道德推脱效应的乘积较小，但与竞争的路径相比，显著的路径依然增强了因果关系的解释力。同时，基于 Bootstrap 的结果也证明了这一点，T2 道德推脱在 T1 内隐网络攻击性对 T3 网络社会排斥影响的路径中的中介作用不显著，T3 道德推脱在 T2 内隐网络攻击性对 T4 网络社会排斥影响的路径中的中介作用也不显著，这说明道德推脱在"内隐网络攻击性→道德推脱→网络社会排斥"的路径中的中介作用不稳定，因此，不能说道德推脱在大学生内隐网络攻击性对网络社会排斥间影响中的中介作用成立。也就是说，我们在推论出"道德推脱在大学生内隐网络攻击性对网络社会排斥的长期影响过程中起稳定的中介作用"的结论时，是得不到足够的数据证据支持的，且推论这种结论时会导致犯错误的可能性升高。于是，结合研究逻辑和实践经验，我们可以认为，大学生首先遭受网络社会排斥，然后导致其道德推脱水平升高，最后，道德推脱水平的升高直接促使其内隐网络攻击性增强。因此，网络社会排斥是道德推脱出现的前因之一，而道德推脱水平升高是大学生内隐网络攻击性增强的前因之一，也就是说，道德推脱在网络社会排斥对大学生内隐网络攻击性的长期影响中起稳定的中介作用。

五　结论

（1）T1、T2、T3、T4 网络社会排斥、大学生内隐网络攻击性及道德推脱两两呈显著正相关。

（2）网络社会排斥对大学生内隐网络攻击性的长期影响中，道德推脱起稳定的纵向中介作用。

第五节　网络社会排斥、道德推脱及大学生网络攻击的发展轨迹研究

一　引言

以往的追踪研究表明，初中生群体在 2 年的时间里，其网络欺负行为呈逐渐下降的趋势，且其下降的趋势与初中生道德推脱水平有关（吴鹏等，2019）。青少年网络受欺负会对随后的消极身心健康（如自尊、抑郁等）具有负向预测作用（Depaolis & Williford，2019）。研究同时表明，青少年线下攻击频率越高，其网络攻击行为出现的频率也就越高，青少年线

下攻击行为是网络欺负出现的前因（雷雳等，2015；Chu et al.，2018）。此外，基于道德推脱的纵向追踪研究发现，道德推脱在初中生线下受欺负程度对网络欺负的纵向预测中起中介作用（王建发等，2018）。也有相关研究表明，道德推脱是青少年出现欺负行为的重要原因（Teng et al.，2020）。这些相关研究表明了网络攻击行为与道德推脱有关系，事实上也不同程度的相对证明了本书第三章第一节至第四节中的一些研究结果。然而，目前对于网络社会排斥及内隐网络攻击性的纵向追踪研究，研究者却鲜有关注。此外，在本书第三章第一节至第四节中，虽然我们详细探讨了网络社会排斥对大学生网络攻击影响的长时过程，但对网络社会排斥、大学生网络攻击及道德推脱的变化趋势及各亚组的发展特点却没进行深入的探讨。于是，本研究提出假设 H11～H14。H11：大学生网络社会排斥随时间的增加而逐渐下降，且大学生网络社会排斥可以划分为不同的亚组，每个亚组间具有不同的增长轨迹；H12：大学生网络攻击行为随时间的增加而逐渐升高，且大学生网络攻击行为可以划分为不同的亚组，每个亚组间具有不同的增长轨迹；H13：大学生道德推脱随时间的增加而逐渐下降，且大学生道德推脱排斥可以划分为不同的亚组，每个亚组间具有不同的增长轨迹；H14：大学生内隐网络攻击性不随时间的变化而变化，但大学生内隐网络攻击性可以划分为不同的亚组，每个亚组间具有不同的增长轨迹。

因此，本部分主要回答本书第三章第一节至第四节中没有回答的两个问题。（1）以变量为中心视角：拟采用潜变量增长曲线模型，探讨网络社会排斥、大学生网络攻击及道德推脱整体变化的发展轨迹。（2）以个体为中心视角：拟采用类别增长模型，探讨网络社会排斥、大学生网络攻击及道德推脱各亚组的发展轨迹的变化特点。

二 方法

（一）研究对象

本研究采用整群随机抽样的方法，选取江苏省、河南省、福建省、甘肃省、辽宁省、黑龙江省及内蒙古自治区 7 省区共 7 所本科院校的 2000 名本科生为被试进行为期 4 个月的追踪。第 1 次追踪时间为 2019 年 9 月 16 日至 23 日，共发放问卷 2000 份，收回有效问卷 1734 份，有效作答率为 86.7%。在 1734 名有效作答问卷的学生中男生 793 人，女生 941 人；大一 616 人，大二 268 人，大三 496 人，大四 354 人；文科 776 人，理科 498 人，工科 460 人；被试年龄范围为 16~24 岁，平均年龄为 19.39±1.43 岁，年龄信息缺失 23 人。第 2 次追踪时间为 2019 年 10 月 16 日至 23 日，共发放问卷 2000 份，考虑到第 1 次追踪测量为基线水平，故第 2 次追踪实际问卷的数量为 1734 份（排除第一次未作答的被试但第二次作答了的被试），共收回有效问卷 1487 份，被试流失 247 人，问卷有效作答率为 85.8%，被试流失率 14.2%。在 1487 名有效作答问卷的学生中男生 630 人，女生 857 人；大一 520 人，大二 234 人，大三 455 人，大四 278 人；文科 709 人，理科 417 人，工科 361 人；被试年龄范围为 16~24 岁，平均年龄为 19.43±1.44 岁，年龄信息缺失 21 人。第 3 次追踪时间为 2019 年 11 月 18 日至 25 日，共发放问卷 2000 份，考虑到第 1 次追踪测量为基线水平，故第 3 次追踪实际问卷的数量为 1734 份，共收回有效问卷 1525 份，被试流失 209 人，问卷有效作答率为 87.9%，被试流失率 12.1%。在 1525 名有效作答问卷的学生中男生 673 人，女生 852 人；大一 523 人，大二 240 人，大三 471 人，大四 291 人；文科 721 人，理科 424 人，工科 380 人；被试年龄范围为 16~24 岁，平均年龄为 19.44±1.44 岁，年龄信息缺失 231 人。第 4 次追踪时间为 2019 年 12 月 15 日至 21 日，考虑到第 1 次追踪测量为基线水平，故第 4 次追踪实际问卷的数量为 1734 份，共收回有效问卷 1476 份，被试流失 258 人，问卷有效作答率为 85.1%，被试流失率 14.9%。在 1476 名有效作答问卷的学生中男生 681 人，女生 795 人；大一 531 人，大二 232 人，大三 421 人，大四 292 人；文科 666 人，理科 447 人，工科 363 人；被试年龄范围为 16~24 岁，平均年龄为 19.00±1.45 岁，年龄信息缺失 279 人。

（二）研究工具

（1）网络社会排斥问卷（Cyber-ostracism Questionnaire，COQ）。本研

究采用童媛添（2015）编制的《大学生网络社会排斥问卷》。该问卷主要用于测量大学生在使用网络过程中遭受排斥的程度，得分越高，排斥体验越强烈。问卷共 14 个条目，采用 1（从未）~5（总是）五点计分，无反向计分条目，问卷包含了网络个体聊天（主要指大学生在网络平台上进行一对一的互动过程中的排斥体验）、网络群体聊天（主要指大学生在网络平台上进行群体聊天的互动过程中的排斥体验）和网络个人空间（主要指大学生在网络平台上表露时的排斥体验，如朋友圈、QQ 空间、微博平台等）3 个维度。在第 1 次追踪研究中，问卷整体的 Cronbach's α 系数为0.91，网络个体聊天维度的 Cronbach's α 系数为 0.85，网络群体聊天维度的 Cronbach's α 系数为 0.86，网络个人空间维度的 Cronbach's α 系数为0.74；在第 2 次追踪研究中，问卷整体的 Cronbach's α 系数为 0.94，网络个体聊天维度的 Cronbach's α 系数为 0.89，网络群体聊天维度的 Cronbach's α 系数为 0.89，网络个人空间维度的 Cronbach's α 系数为 0.80；在第 3 次追踪研究中，问卷整体的 Cronbach's α 系数为 0.96，网络个体聊天维度的 Cronbach's α 系数为 0.93，网络群体聊天维度的 Cronbach's α 系数为 0.91，网络个人空间维度的 Cronbach's α 系数为 0.86；在第 4 次追踪研究中，问卷整体的 Cronbach's α 系数为 0.96，网络个体聊天维度的 Cronbach's α 系数为 0.93，网络群体聊天维度的 Cronbach's α 系数为 0.92，网络个人空间维度的 Cronbach's α 系数为 0.85。

（2）网络攻击行为量表（Online Aggressive Behavior Scale，OABS）。本研究采用赵锋和高文斌（2012）编制的《少年网络攻击行为量表》。该量表主要测量大学生在使用网络的过程中对他人实施攻击行为的程度，得分越高，说明网络攻击行为越强。该量表共 15 个条目，采用 1（从不）~4（总是）四点计分，无反向计分题目，包含了工具性攻击（主要指攻击者利用网络攻击他人是为了获得某种利益，攻击者本身没有遭受他人的网络攻击）和反应性攻击（主要指攻击者在受到他人的网络攻击后发起的对他人的报复性的攻击行为）2 个维度。在第 1 次追踪研究中，量表整体的 Cronbach's α 系数为 0.82，工具性攻击维度的 Cronbach's α 系数为 0.72，反应性攻击维度的 Cronbach's α 系数为 0.73；在第 2 次追踪研究中，量表整体的 Cronbach's α 系数为 0.90，工具性攻击维度的 Cronbach's α 系数为 0.82，反应性攻击维度的 Cronbach's α 系数为 0.86；在第 3 次追踪中，量表整体的 Cronbach's α 系数为 0.93，工具性攻击维度的 Cronbach's α 系数为 0.86，反应性攻击维度的 Cronbach's α 系数为 0.90；在第 4 次追踪中，量表整体的 Cronbach's α 系数为 0.94，工具性攻击维度的 Cronbach's α 系数为 0.90，反应性攻击维度的 Cronbach's α 系数为 0.91。

（3）内隐网络攻击性词干补笔测验问卷（Implicit Cyber-Aggressive Word Stem Completion Questionnaire，ICAWSCQ）。内隐网络攻击性的测量采用《内隐网络攻击性词干补笔测验问卷》，由研究者参考《青少年内隐攻击性词干补笔测验》（田媛，2009）自行编制。问卷中呈现目标字和探测字。探测字与目标字中的任意一个字均能组成词语（目标词、干扰词、中性词）。当被试选中的字是代表内隐网络攻击性的词语时（目标词），得 1 分，当选中其他的字时（干扰词、中性词）不得分，最后求出被试选择目标词的总分，即为本研究因变量指标得分。被试得分越高，说明其内隐网络攻击性越强。施测过程中，目标字以拉丁方的形式呈现，以降低空间误差。被试在拿到问卷后，要求从备选的 3 个目标字中选择一个字，可以与探测字组成词语，但并不知道实验的真实目的。

例：探测字：　躺（　）

　　目标字：　1. 枪（目标词）　2. 尸（干扰词）　3. 卧（中性词）

（4）中文版道德推脱问卷（Moral Disengagement Questionnaire，MDQ）。本研究采用王兴超和杨继平（2010）修订的《中文版道德推脱问卷》。该问卷主要测量大学生的道德推脱水平，被试得分越高，道德推脱水平越高。问卷共 26 个条目，采用 1（完全不同意）~5（完全同意）五点计分，无反向计分题目。问卷包含了道德辩护（个体出现违反道德的行为时，为自己不良的行为在道德上的可接受性做辩护解释）、委婉标签（个体通过一些中立的道德语言使自己违反道德的行为变得可接受）、有利比较（个体将更不道德的行为与自己不道德的行为相比较，从而使自己的不道德行为造成的后果可忽略）、责任转移（个体将自己不道德行为的责任归因于他人）、责任分散（通常出现在集体情境下，即自己的不道德行为是与集体有关的）、忽视或扭曲结果（个体选择性的忽视由自己不道德行为产生的不良后果，从而避免负性情绪）、非人性化（个体通过贬低他人而将自己的不道德行为进行合理化）、责备归因（个体过分强调别人的过错而使自己的道德责任被忽略）8 个维度（杨继平 等，2015）。

在 4 次追踪研究中，问卷整体的 Cronbach's α 系数分别为 0.91、0.94、0.95、0.96，道德辩护维度的 Cronbach's α 系数分别为 0.72、0.80、0.84、0.86，委婉标签维度的 Cronbach's α 系数分别为 0.63、0.66、0.73、0.71，有利比较维度的 Cronbach's α 系数分别为 0.76、0.85、0.89、0.89，责任转移维度的 Cronbach's α 系数分别为 0.73、0.79、0.85、0.87，责任分散维度的 Cronbach's α 系数分别为 0.65、0.72、0.77、0.73，忽视或扭曲结果维度的 Cronbach's α 系数分别为 0.70、0.78、0.84、0.84，非人性化维度的 Cronbach's α 系数分别为 0.70、0.76、0.82、0.83，责备归因维度的 Cronbach's α 系数分别为 0.75、0.80、0.83、0.86。

（三）统计方法

本研究采用 SPSS 25.0、Mplus 8.3 统计软件进行数据处理。采用潜变量增长模型探讨各主变量的增长趋势。采用潜变量增长混合模型探讨各主变量及其亚组的变化趋势。

三 结果

（一）各主变量四次追踪的描述性统计

对本研究各主变量的 4 次追踪进行描述性统计（见表 3-27 和图 3-15 至图 3-18）。结果表明：大学生网络社会排斥、道德推脱均随时间的增加而逐渐降低；大学生网络攻击行为在 T1~T2 时间段内无明显变化，而在 T2~T4 时间段内，网络攻击行为的均分有所升高；大学生内隐网络攻击性呈波浪形变化，其在 T1~T2 时间段内降低，在 T2~T3 时间段内升高，在 T3~T4 时间段内降低。

表 3-27　各主变量的描述性统计 （*M±SD*）

时间	网络社会排斥	道德推脱	网络攻击行为	内隐网络攻击性
T1	1.81±0.55	1.91±0.51	1.09±0.16	0.23±0.14
T2	1.79±0.56	1.82±0.54	1.09±0.17	0.22±0.14
T3	1.72±0.59	1.71±0.58	1.10±0.24	0.24±0.15
T4	1.67±0.59	1.67±0.58	1.11±0.26	0.23±0.15

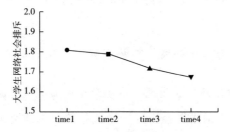

图 3-15　大学生网络社会排斥的平均变化趋势

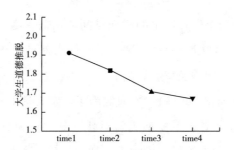

图 3-16　大学生道德推脱的平均变化趋势

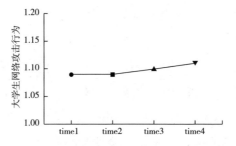

图 3-17　大学生网络攻击行为的平均变化趋势

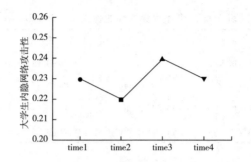

图 3-18　大学生内隐网络攻击性的平均变化趋势

（二）网络社会排斥的增长趋势研究

1. 网络社会排斥的增长模式：基于潜增长曲线模型的分析

为了考察大学生网络社会排斥的增长趋势，本研究采用潜变量增长曲线模型进行估计。潜变量增长曲线通过截距（β）和斜率（α）这 2 个参数来描述组内和组间差异。具体来说，β 因子描述的是平均的初始状态，截距因子的方差则表示个体在特定的时间点间的离散程度，其值越大说明个体间的差异越明显；α 因子的均值则表示时间点间的平均增长率，斜率因子的方差则反映个体间增长率差异的大小，方差越大表明个体间的差异越明显（王孟成、毕向阳，2018）。本研究为了确定大学生网络社会排斥增长的变化模式，共构建了 2 个模型进行对比。其一，无条件线性增长模型（M1）。考虑到研究的追踪间隔均为 1 个月，因此将该模型的斜率载荷分别设置为 0、1、2、3，截距载荷均设置为 1。其二，无条件二次增长模型（M2）。在该模型中，将斜率的载荷以二次方的形式设置，即 0、1、4、9，截距载荷均为 1。

模型拟合结果显示，虽然无条件二次增长模型拟合整体优于无条件线性增长模型（见表 3-28），但在无条件二次增长模型中，二次项系数不显著（$\beta=-0.11$，$p>0.05$），且二次曲线模型的一条路径出现了共线性问题（见图 3-20），这说明大学生网络社会排斥不符合二次曲线的增长模式。相反的，在无条件线性增长模型中（见图 3-19），一次项系数显著（$\beta=-0.40$，$p<0.001$），线性增长模型的截距与斜率呈负相关（$r=-0.16$，$p<$

0.05）（见表 3-29），这说明大学生网络社会排斥的初始水平与增长率呈反向关系，即初始状态网络社会排斥得分高的个体下降的速率较慢。于是，可以认为，大学生网络社会排斥的增长趋势是线性增长。

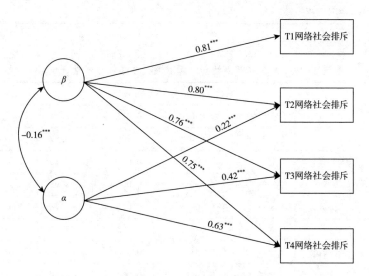

图 3-19　大学生网络社会排斥无条件线性增长模型（标准化）

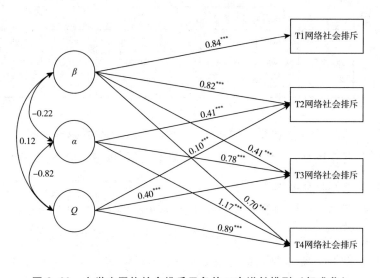

图 3-20　大学生网络社会排斥无条件二次增长模型（标准化）

表 3-28　大学生网络社会排斥潜增长曲线拟合指标

Model	χ^2	df	χ^2/df	TLI	CFI	RMSEA
1. 无条件线性增长模型（M1）	7.50	5	1.50	0.99	0.99	0.017
2. 无条件二次增长模型（M2）	0.96	1	0.96	1	1	0.001

表 3-29　大学生网络社会排斥潜增长曲线模型的估计结果

模型			系数（$\beta/Coef$）	标准误（SE）	t	标化系数（β）
M1	均值	截距	1.820	0.013	142.71	4.06
		斜率	−0.050	0.005	−10.82	−0.40
	方差	截距	0.201	0.011	19.13	1
		斜率	0.016	0.002	8.95	1
	协方差	S with I	−0.009	0.003	−2.71	−0.16
M2	均值	截距	1.815	0.013	137.05	3.92
		线性斜率	−0.031	0.014	−2.42	−0.13
		二次斜率	−0.006	0.004	−1.49	−0.11
	方差	截距	0.214	0.023	9.32	1
		线性斜率	0.053	0.027	1.99	1
		二次斜率	0.003	0.002	1.75	1
	协方差	S with I	−0.024	0.024	−0.99	−0.22
		Q with I	0.003	0.006	0.57	0.12
		Q with S	−0.011	0.006	−1.70	−0.82

2. 网络社会排斥的增长模式研究：基于增长混合模型的分析

增长混合模型（GMM）是用以解释同一群体内不同潜类别组个体增长变化的差异和特点的模型，增长混合模型同时存在两种潜变量：①连续潜变量，用于描述个体初始差异和发展趋势的随机截距和斜率因子；②类别潜变量，通过将群体分成互斥的潜类别组来描述群体的异质性（王孟成、毕向阳，2018）。建立增长混合模型具有探索的性质。基于研究的需要，建立模型的过程共分为 3 个步骤。首先，设定基线模型，基线模型为单个类别的增长模型。其次，在单个模型的基础上增加类别。基于 Kim（2012）

关于增长混合模型样本量的研究结果，本研究的潜类别数量选取 5 个。最后，决定潜类别的最优分类及命名，并考察不同类别的增长轨迹。

考虑到大学生个体间的异质性，为了更精确地描述大学生网络社会排斥的变化趋势，本研究采用增长混合模型来考察大学生群体内网络社会排斥的类别及其发展轨迹。本研究分别选取 1～5 个潜在类别，采用 Mplus 8.3 软件对这 5 个模型的增长趋势进行估计。结果发现：AIC、BIC 和 aBIC 指标值随着分类数目的增大而不断减小；LMR 和 BLRT 的显著性表明增加分类个数会显著改善模型，而从第 3 个模型开始，LMR 再无统计学意义，表明从第 4 个模型开始再没有明显的改进；同时，当 Entropy 指标大于 0.80 时，表明分类正确的可能性超过 90%。第 2 个模型与第 3 个模型相比，虽然第 2 个模型的 LMR 统计学意义强于第 3 个模型，但其他指标明显没有第 3 个模型好（见表 3-30）。因此，本研究将大学生网络社会排斥分为 3 个类别，这 3 个类别被正确分类的概率分别达到了 91.1%、94.6%、91.5%，均超过了 90%，这说明所划分的类别具有明显的区别（见表 3-31）。

表 3-30　大学生网络社会排斥 5 种分类数的潜增长混合模型拟合度对比

模型	K	Log（L）	AIC	BIC	aBIC	Entropy	LMR	BLRT	每一类所占比例（%）
1	9	-4016.20	8050.41	8099.53	8070.94				
2	12	-3963.44	7950.87	8016.37	7978.24	0.84	0.006	<0.001	92.2/7.8
3	15	-3783.32	7596.65	7678.52	7630.87	0.85	0.05	<0.001	8.7/45.9/45.3
4	18	-3714.57	7465.13	7563.38	7506.19	0.89	0.11	<0.001	2.3/45.7/44.7/9.3
5	21	-3680.56	7403.12	7517.74	7451.03	0.88	0.08	<0.001	2.3/44.7/2.1/43.9/9.2

表 3-31　个体划分到不同类别的平均归属概率

单位：%

类别	归属概率		
	C1	C2	C3
C1	91.1	0.0	8.8
C2	0.0	94.6	5.3
C3	2.7	5.8	91.5

为了进一步考察大学生网络社会排斥类别的增长轨迹，采用 Prism.7 对大学生网络社会排斥的增长轨迹进行分析（见图 3-21）。结果表明：第一类别组有 152 人（占全体的 8.7%），该组大学生的网络社会排斥得分一直处于上升的趋势，故将其命名为"高排斥风险组"；第二类别组有 797 人（占全体的 45.9%），该组大学生的网络社会排斥得分处于平缓下降状态，故将其命名为"缓慢下降组"；第三类别组有 785 人（占全体的 45.3%），该组大学生的网络社会排斥得分呈快速下降的趋势，故将其命名为"低排斥风险组"。这三组的截距和斜率均具有统计学意义（见表 3-32）。

表 3-32　含有 3 个潜在类别的大学生网络社会排斥增长混合模型的参数估计

类别			系数（β/Coef）	标准误（SE）	t	p
高排斥风险组	均值	截距	2.302	0.054	42.51	<0.001
		斜率	0.182	0.022	8.29	<0.001
	方差	截距	0.201	0.011	19.13	<0.001
		斜率	0.016	0.002	8.95	<0.001
	协方差	S with I	−0.040	0.004	−11.03	<0.001
缓慢下降组	均值	截距	1.573	0.017	90.94	<0.001
		斜率	−0.145	0.006	−23.90	<0.001
	方差	截距	0.149	0.010	14.22	<0.001
		斜率	0.013	0.002	6.36	<0.001
	协方差	S with I	−0.040	0.004	−11.03	<0.001
低排斥风险组	均值	截距	1.976	0.019	104.88	<0.001
		斜率	−0.002	0.006	−0.28	0.777
	方差	截距	0.149	0.010	14.22	<0.001
		斜率	0.013	0.002	6.36	<0.001
	协方差	S with I	−0.040	0.004	−11.03	<0.001

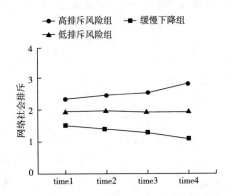

图 3-21　大学生网络社会排斥潜在类别（K = 3）增长轨迹

（三）大学生网络攻击行为的增长趋势研究

1. 大学生网络攻击行为的增长模式：基于潜增长曲线模型的分析

为了考察大学生网络攻击行为的增长趋势，本研究继续构建无条件线性增长模型（M1）和无条件二次增长模型（M2）进行竞争检验。模型拟合结果显示，虽然无条件二次增长模型拟合整体优于无条件线性增长模型（见表 3-33），但在无条件二次增长模型中，二次项系数不显著（$\beta = 0.004$，$p > 0.05$），且二次曲线模型的两条路径出现了严重的共线性问题（见图 3-23），这说明大学生网络攻击行为不符合二次曲线的增长模式。相反的，在无条件线性增长模型中（见图 3-22），一次项系数显著（$\beta = 0.08$，$p < 0.01$），线性增长模型的截距与斜率不相关（$r = 0.10$，$p > 0.05$）（见表 3-34），这说明大学生网络攻击行为呈正向增长的趋势，但与初始水平的网络攻击行为得分无关。于是，可以认为，大学生网络攻击行为的增长趋势是线性增长。

表 3-33　大学生网络攻击行为潜增长曲线拟合指标

Model	χ^2	df	χ^2/df	TLI	CFI	RMSEA
1. 无条件线性增长模型（M1）	10.60	5	2.12	0.99	0.99	0.025
2. 无条件二次增长模型（M2）	0.13	1	0.13	1	1	0.001

表 3-34　大学生网络攻击行为潜增长曲线模型的估计结果

模型			系数（β/Coef）	标准误（SE）	t	标化系数（β）
M1	均值	截距	1.092	0.0037	296.17	10.09
		斜率	0.006	0.0023	2.60	0.08
	方差	截距	0.012	0.0010	11.53	1
		斜率	0.005	<0.001	14.08	1
	协方差	S with I	0.001	<0.001	1.63	0.10
M2	均值	截距	1.092	0.0037	280.91	10.33
		线性斜率	0.005	0.006	0.93	0.05
		二次斜率	<0.001	0.002	0.08	0.004
	方差	截距	0.011	0.003	4.30	1
		线性斜率	0.010	0.004	2.72	1
		二次斜率	0.001	<0.001	3.06	1
	协方差	S with I	0.001	0.003	0.43	0.12
		Q with I	<0.001	0.001	-0.15	-0.03
		Q with S	-0.002	0.001	-2.36	-0.71

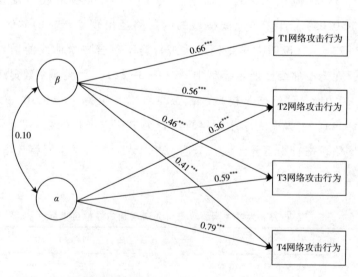

图 3-22　大学生网络攻击行为无条件线性增长模型（标准化）

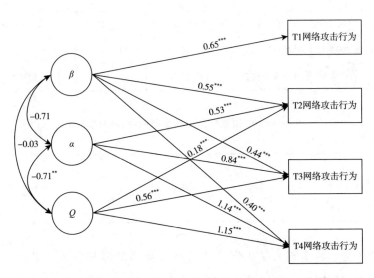

图 3-23　大学生网络攻击行为无条件二次增长模型（标准化）

2. 大学生网络攻击行为的增长模式研究：基于增长混合模型的分析

同样的，为了更精确地描述大学生网络攻击行为的变化趋势，本研究采用增长混合模型来考察大学生网络攻击行为的类别及其发展轨迹。本研究分别选取 1~5 个潜在类别，采用 Mplus 8.3 软件对这 5 个模型的增长趋势进行估计。结果发现：AIC、BIC 和 aBIC 指标值随着分类数目的增大而不断减小；Entropy 指标在第 2 个模型中最高，达到了 0.99；LMR 指标在 5 个模型中均不显著（见表 3-35）。因此，考虑研究的目的，本研究以第 2 个分类为准，将大学生网络攻击行为分为 2 个类别，这 2 个类别被正确分类的概率分别达到了 97.8%、99.9%，均超过了 95%，这说明所划分的类别具有明显的区别（见表 3-36）。

表 3-35　大学生网络攻击行为的 5 种潜增长混合模型拟合度对比

模型	K	Log（L）	AIC	BIC	aBIC	Entropy	LMR	BLRT	每一类所占比例（%）
1	9	1819.79	-3621.57	-3572.45	-3601.04				
2	12	2596.76	-5169.51	-5104.01	-5142.13	0.99	0.29	<0.001	5.8/94.2
3	15	2843.11	-5656.21	-5574.34	-5621.99	0.98	0.49	<0.001	5.9/92.9/1.1

续表

模型	K	Log（L）	AIC	BIC	aBIC	Entropy	LMR	BLRT	每一类所占比例（%）
4	18	3091.13	-6146.27	-6048.02	-6105.20	0.98	0.14	0.150	91.8/0.2/3.6/4.4
5	21	3246.90	-6450.19	-6335.57	-6402.29	0.88	0.33	<0.001	3.2/91.9/0.2/0.1/5.3

表 3-36　个体划分到不同类别的平均归属概率

单位：%

类别	C1	C2
C1	97.8	2.2
C2	0.1	99.9

　　为了进一步考察大学生网络攻击行为类别的增长轨迹，采用 Prism.7 对大学生网络攻击行为的增长轨迹进行分析（见图 3-24）。结果表明：第一类别组 101 人（占全体的 5.8%），该组大学生的网络攻击行为得分一直处于快速上升的趋势，故将其命名为"高危型网络攻击组"；第二类别组有 1633 人（占全体的 94.2%），该组大学生的网络攻击行为得分处于平缓不变的状态，故将其命名为"低危型网络攻击组"这两组的截距和斜率均具有统计学意义（见表 3-37）。

表 3-37　含有 2 个潜在类别的大学生网络攻击行为增长混合模型的参数估计

类别			系数（β/Coef）	标准误（SE）	t	p
高危型网络攻击组	均值	截距	1.207	0.032	37.28	<0.001
		斜率	0.278	0.021	13.58	<0.001
	方差	截距	0.012	0.002	5.55	<0.001
		斜率	0.002	0.001	2.93	0.003
	协方差	S with I	-0.002	0.001	-2.64	0.008
低危型网络攻击组	均值	截距	1.084	0.0037	296.69	<0.001
		斜率	-0.011	0.001	-8.47	<0.001
	方差	截距	0.012	0.002	5.55	<0.001
		斜率	0.002	0.001	2.93	0.003
	协方差	S with I	-0.002	0.001	-2.64	0.008

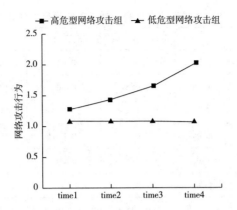

图 3-24　大学生网络攻击行为潜在类别（K = 2）增长轨迹

（四）大学生道德推脱的增长趋势研究

1. 大学生道德推脱的增长模式：基于潜增长曲线模型的分析

为了考察大学生道德推脱的增长趋势，本研究继续构建无条件线性增长模型（M1）和无条件二次增长模型（M2）进行竞争检验。模型拟合结果显示，无条件线性增长模型拟合优于无条件二次增长模型（见表3-38），虽然在无条件二次增长模型中，二次项系数显著（$\beta = 0.13$，$p < 0.05$），但二次曲线模型的两条路径依然出现了严重的共线性问题（见图3-26），这说明大学生道德推脱不符合二次曲线的增长模式。相反的，在无条件线性增长模型中（见图3-25），一次项系数显著（$\beta = -0.67$，$p < 0.001$），线性增长模型的截距与斜率不相关（$r = -0.09$，$p > 0.05$）（见表3-39），这说明大学生道德推脱呈负向增长的趋势，但与初始水平的道德推脱得分无关，即大学生的道德推脱水平逐渐降低，道德水平逐渐呈升高的趋势。于是，可以认为，大学生道德推脱的增长趋势是线性增长。

表 3-38　大学生道德推脱潜增长曲线拟合指标

Model	χ^2	df	χ^2/df	TLI	CFI	RMSEA
1. 无条件线性增长模型（M1）	15.74	5	3.15	0.99	0.99	0.05
2. 无条件二次增长模型（M2）	5.37	1	5.37	0.99	0.99	0.05

表 3-39　大学生道德推脱潜增长曲线模型的估计结果

模型			系数（β/Coef）	标准误（SE）	t	标化系数（β）
M1	均值	截距	1.906	0.012	162.04	4.60
		斜率	-0.088	0.004	-19.74	-0.67
	方差	截距	0.172	0.009	11.53	1
		斜率	0.017	0.0015	10.97	1
	协方差	S with I	-0.005	0.003	-1.70	-0.09
M2	均值	截距	1.914	0.012	157.99	4.74
		线性斜率	-0.118	0.013	-9.05	-0.42
		二次斜率	0.010	0.004	2.49	0.13
	方差	截距	0.183	0.020	9.53	1
		线性斜率	0.079	0.019	3.53	1
		二次斜率	0.006	0.002	3.71	1
	协方差	S with I	-0.017	0.020	-0.86	-0.14
		Q with I	0.002	0.005	0.46	0.07
		Q with S	-0.019	0.005	-3.47	-0.86

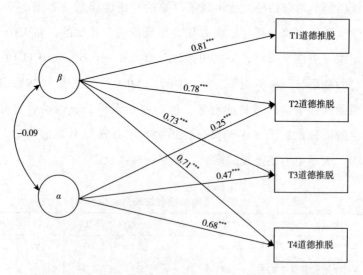

图 3-25　大学生道德推脱无条件线性增长模型（标准化）

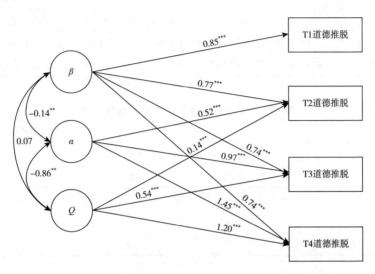

图 3-26　大学生道德推脱无条件二次增长模型（标准化）

2. 大学生道德推脱的增长模式研究：基于增长混合模型的分析

同样的，为了更精确地描述大学生道德推脱的变化趋势，本研究采用增长混合模型来考察大学生道德推脱的类别及其发展轨迹。本研究分别选取 1~5 个潜在类别，用 Mplus 8.3 软件对这 5 个模型的增长趋势进行估计。结果发现：AIC、BIC 和 aBIC 指标值随着分类数目的增大而不断减小；Entropy 指标在第 4 个模型中最高，达到了 0.86；LMR 指标在第 5 个模型中不显著，在第 4 个模型中显著性接近 0.05（见表 3-40）。因此，结合研究的目的和实际，本研究以第 3 个分类为准，将大学生道德推脱分为 3 个类别，这 3 个类别被正确分类的概率分别达到了 90.8%、95.8%、90.2%，均超过了 90%，这说明所划分的类别具有明显的区别（见表 3-41）。

表 3-40　大学生道德推脱的 5 种潜增长混合模型拟合度对比

模型	K	Log（L）	AIC	BIC	aBIC	Entropy	LMR	BLRT	每一类所占比例（%）
1	9	−3627.29	7272.57	7321.70	7293.11				
2	12	−3560.10	7144.21	7209.71	7171.58	0.65	0.01	<0.001	34.9/65.1
3	15	−3434.07	6898.14	6980.01	6932.36	0.83	0.01	<0.001	6.1/54.7/39.2

续表

模型	K	Log（L）	AIC	BIC	aBIC	Entropy	LMR	BLRT	每一类所占比例（%）
4	18	-3389.74	6815.48	6913.73	6856.54	0.86	0.04	<0.001	7.1/54.2/38.3/0.5
5	21	-3351.60	6745.20	6895.82	6793.11	0.84	0.39	<0.001	6.4/50.8/37.7/2.1/3.0

表 3-41　个体划分到不同类别的平均归属概率

单位：%

类别	归属概率		
	C1	C2	C3
C1	90.8	0.5	19.4
C2	0.0	95.8	4.2
C3	1.4	8.3	90.2

为了进一步考察大学生道德推脱类别的增长轨迹，采用 Prism.7 对大学生道德推脱的增长轨迹进行分析（见图 3-27）。结果表明：第一类别组106 人（占全体的 6.1%），该组大学生的道德推脱得分一直处于快速上升的趋势，故将其命名为"道德水平快速下滑组"；第二类别组有 949 人（占全体的 54.7%），该组大学生的道德推脱得分处于缓慢下降的状态，故将其命名为"道德水平缓慢提升组"，第三类别组有 679 人（占全体的39.2%），该组大学生的道德推脱得分明显下降，故将其命名为"道德水平迅速提升组"，这三组的截距和斜率均具有统计学意义（见表 3-42）。

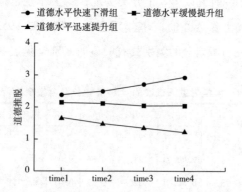

图 3-27　大学生道德推脱潜在类别（K=3）增长轨迹

表 3-42　含有 3 个潜在类别的大学生道德推脱增长混合模型的参数估计

类别			系数（β/Coef）	标准误（SE）	t	p
道德水平快速下滑组	均值	截距	2.299	0.072	32.03	<0.001
		斜率	0.198	0.042	4.71	<0.001
	方差	截距	0.125	0.008	14.89	<0.001
		斜率	0.012	0.0015	7.99	<0.001
	协方差	S with I	-0.031	0.003	-10.74	<0.001
道德水平缓慢提升组	均值	截距	1.697	0.015	111.46	<0.001
		斜率	-0.167	0.005	-32.90	<0.001
	方差	截距	0.125	0.008	14.89	<0.001
		斜率	0.012	0.0015	7.99	<0.001
	协方差	S with I	-0.031	0.003	-10.74	<0.001
道德水平迅速提升组	均值	截距	2.119	0.021	99.04	<0.001
		斜率	-0.027	0.006	-4.36	<0.001
	方差	截距	0.125	0.008	14.89	<0.001
		斜率	0.012	0.0015	7.99	<0.001
	协方差	S with I	-0.031	0.003	-10.74	<0.001

（五）大学生内隐网络攻击性的增长趋势研究

1. 大学生内隐网络攻击性的增长模式：基于潜增长曲线模型的分析

为了考察大学生内隐网络攻击性的增长趋势，本研究继续构建无条件线性增长模型（M1）和无条件二次增长模型（M2）进行竞争检验。模型拟合结果显示，无条件线性增长模型拟合优于无条件二次增长模型（见表 3-43、图 3-28 和图 3-29）。在无条件线性模型中，一次项系数不显著（$\beta=-0.003$，$p>0.05$），这说明大学生内隐网络攻击性不符合线性增长模式；同样的，在无条件二次增长模型中，二次项系数不显著（$\beta=0.04$，$p>0.05$）（见表 3-44），这说明大学生内隐网络攻击性也不符合二次曲线增长模式。于是，可以认为，大学生内隐网络攻击性是个体稳定性的特质，其不随着时间的变化而变化。

表 3-43 大学生内隐网络攻击性潜增长曲线拟合指标

Model	χ^2	df	χ^2/df	TLI	CFI	RMSEA
1. 无条件线性增长模型（M1）	20.84	5	4.17	0.99	0.99	0.043
2. 无条件二次增长模型（M2）	7.37	1	7.37	0.99	0.98	0.061

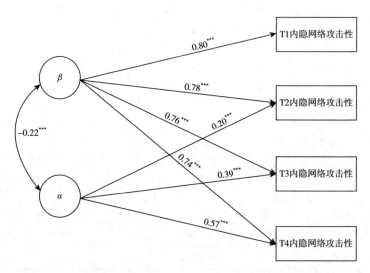

图 3-28 大学生内隐网络攻击性无条件线性增长模型（标准化）

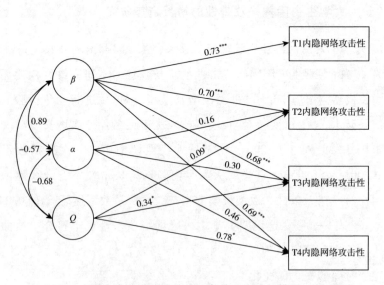

图 3-29 大学生内隐网络攻击性无条件二次增长模型（标准化）

表 3-44　大学生内隐网络攻击性潜增长曲线模型的估计结果

模型			系数（β/Coef）	标准误（SE）	t	标化系数（β）
M1	均值	截距	0.232	0.0032	71.46	2.06
		斜率	<0.001	0.001	−0.07	−0.003
	方差	截距	0.013	0.0007	18.28	1
		斜率	0.001	<0.001	6.81	1
	协方差	S with I	−0.001	<0.001	−3.01	−0.22
M2	均值	截距	0.232	0.0032	69.67	2.28
		线性斜率	−0.001	0.004	−0.40	−0.06
		二次斜率	0.001	0.002	0.43	0.04
	方差	截距	0.010	0.002	6.83	1
		线性斜率	0.001	0.002	0.28	1
		二次斜率	<0.001	<0.001	1.18	1
	协方差	S with I	0.002	0.002	1.26	0.89
		Q with I	−0.001	<0.001	−1.84	−0.57
		Q with S	<0.001	<0.001	−0.43	−0.68

2. 大学生内隐网络攻击性的增长模式研究：基于增长混合模型的分析

同样的，为了更精确地描述大学生内隐网络攻击性的变化趋势，本研究采用增长混合模型来考察大学生内隐网络攻击性的类别及其发展轨迹。本研究分别选取 1~5 个潜在类别，采用 Mplus 8.3 软件对这 5 个模型的增长趋势进行估计。结果发现：除了第 5 个模型的指标值稍有波动，其他 4 个模型的 AIC、BIC 和 aBIC 指标值随着分类数目的增大而不断减小；Entropy 指标在第 3 个和第 5 个模型中最高，为 0.68，这与以往的研究相比较低，这可能与内隐网络攻击性的内隐性特点有关，它是一种稳定的特质，不随时间的变化而变化；LMR、BLRT 指标在第 5 个模型中均不显著（见表 3-45）。因此，结合本研究的目的，本研究以第 3 个分类为准，将大学生内隐网络攻击性分为 3 个类别，这 3 个类别被正确分类的概率分别达到了 93.2%、86.0%、82.0%，这说明所划分的类别具有明显的区别（见

表 3-46）。

表 3-45　大学生内隐网络攻击性的 5 种潜增长混合模型拟合度对比表

模型	K	Log（L）	AIC	BIC	aBIC	Entropy	LMR	BLRT	每一类所占比例（%）
1	9	4281.16	−8544.31	−8495.19	−8523.78				
2	12	4304.01	−8584.02	−8518.52	−8556.64	0.65	0.01	0.006	9.9/90.1
3	15	4325.57	−8621.14	−8539.26	−8586.92	0.68	0.01	0.002	0.3/55.3/44.3
4	18	4343.53	−8651.05	−8552.80	−8609.99	0.63	0.005	<0.001	0.3/12.7/33.3/53.6
5	21	4343.53	−8645.05	−8530.43	−8597.14	0.68	0.50	1	0.3/9.9/32.9/56.9/0.0

表 3-46　个体划分到不同类别的平均归属概率

单位：%

类别	归属概率		
	C1	C2	C3
C1	93.2	0.0	6.5
C2	0.0	86.0	14.0
C3	0.001	17.9	82.0

　　为了进一步考察大学生内隐网络攻击性类别的增长轨迹，本研究采用 Prism.7 对大学生内隐网络攻击性的增长轨迹进行分析（见图 3-30）。结果表明：第一类别组 6 人（占全体的 0.3%），该组大学生的内隐网络攻击性得分一直处于上升的趋势，故将其命名为"迅速升高组"；第二类别组有 959 人（占全体的 55.3%），该组大学生的内隐网络攻击性得分处于平稳下降的状态，故将其命名为"平稳下降组"；第三类别组有 768 人（占全体的 44.3%），该组大学生的内隐网络攻击性得分缓慢上升，故将其命名为"缓慢上升组"，这三组的截距和斜率均具有统计学意义，见表 3-47。

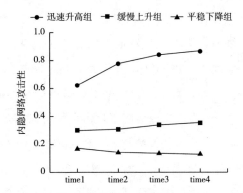

图 3-30　大学生内隐网络攻击性潜在类别（K=3）增长轨迹

表 3-47　含有 3 个潜在类的大学生内隐网络攻击性增长混合模型的参数估计

类别			系数（β/Coef）	标准误（SE）	t	p
迅速 升高组	均值	截距	0.611	0.070	8.68	<0.001
		斜率	0.097	0.024	3.96	<0.001
	方差	截距	0.010	0.001	9.72	<0.001
		斜率	0.001	<0.001	3.88	<0.001
	协方差	S with I	-0.002	<0.001	-6.88	<0.001
平稳 下降组	均值	截距	0.186	0.009	20.67	<0.001
		斜率	-0.016	0.004	-4.90	<0.001
	方差	截距	0.010	0.001	9.72	<0.001
		斜率	0.001	<0.001	3.88	<0.001
	协方差	S with I	-0.031	0.003	-10.74	<0.001
缓慢 上升组	均值	截距	0.286	0.021	13.61	<0.001
		斜率	-0.019	0.006	-4.36	<0.001
	方差	截距	0.010	0.001	9.72	<0.001
		斜率	0.001	<0.001	3.88	<0.001
	协方差	S with I	-0.002	<0.001	-6.88	<0.001

四　讨论

本研究发现，大学生网络社会排斥和道德推脱均呈现同步下降的趋势。随着时间的流逝，大学生网络社会排斥体验逐步减弱，道德推脱水平随之降低。本研究发现，大学生网络攻击行为一直处于升高的趋势。这说明大学生在使用网络的过程中一直对他人实施攻击行为，由于网络匿名性的特点，他们可能对他人实施网络攻击行为的频率越来越高，因而其得分一直处于升高状态。此外，大学生内隐网络攻击性呈波浪形变化，先降低，后升高，又降低，这说明大学生内隐网络攻击性是可以随着外界环境的变化而变化的，进一步证实了其渐变性的特点（Rattan & Dweck，2010）。本研究同样发现，在4次追踪的过程中，大学生网络攻击行为、内隐网络攻击性、道德推脱及网络社会排斥均呈正相关，这说明各主变量的变化具有同向性。

本研究基于变量中心的视角，对大学生网络攻击行为、内隐网络攻击性、道德推脱及网络社会排斥进行潜变量增长模型的分析。本研究发现，大学生网络社会排斥的增长斜率为负，且达到显著水平，这表明在这4个月的时间中，大学生网络社会排斥逐渐降低，且这种降低趋势呈线性变化，这验证了本研究的假设 H11。大学生道德推脱的增长斜率也为负，且显著，这同时说明道德推脱的线性变化趋势，这验证了本研究的假设 H13。此外，大学生网络攻击行为的增长斜率为正，且达到了显著水平，这验证了本研究的假设 H12。这说明大学生在使用网络的过程中一直是网络攻击行为的实施者，且这种实施行为一直处于增加的状态，如果不加以控制，可能会引发更严重的网络性群体事件。大学生内隐网络攻击性的增长斜率为正，但不显著，这验证了内隐网络攻击性的实体性特点（Rattan & Dweck，2010），内隐网络攻击性受外界环境的变化而变化，但由于其实体性特性的限制，外界环境的影响只占较少的一部分，并不会彻底改变其稳定的特点，这验证了本研究的假设 H14。

此外，本研究基于个体中心的视角，对大学生网络攻击行为、内隐网络攻击性、道德推脱及网络社会排斥进行增长混合模型的分析，发现大学生网络社会排斥可以分为高排斥风险组、缓慢下降组及低排斥风险组，这说明大学生在遭受网络社会排斥以后，随着时间的流逝，可能会出现三种形式，即第一种是排斥体验急剧升高，第二种是排斥体验一直不变，第三种是排斥体验在很短的时间内消失。因此，未来我们要对第一种形式的个体加强干预和心理治疗，以避免出现更严重的心理问题。对于大学生网络攻击行为的增长混合模型分析发现，大学生网络攻击行为可以划分为高危型网络攻击组和低危型网络攻击组，低危型网络攻击组占比较大，由此可以说明，大学生在习得网络攻击的图式以后，部分大学生会因此加剧出现网络攻击行为，对于这部分大学生，则是未来学校和家庭需要加强网络教育的对象。对大学生道德推脱的增长混合模型分析发现，大学生道德推脱可以分为道德水平快速下滑组、道德水平缓慢提升组和道德水平迅速提升组。道德水平快速下滑组表示大学生在遭受网络社会排斥后，其道德推脱水平升高极快，道德素质水平随之下降极快，这类大学生很容易受环境的影响，也很容易表现出网络攻击行为；道德水平缓慢提升组表示大学生不容易受环境的影响，其道德推脱水平一直稳定在一定的阈限范围内，因而其道德素质水平也不容易发生波动；道德水平迅速提升组则表示这类大学生道德推脱一方面受外界环境影响极大，另一方面其道德机制则表现出高效的调节反应。这类大学生的道德水平虽然受到负性刺激的影响，但由于其高效的道德调节机制，其道德推脱水平反而在受到负性刺激后降低，道德素质水平也随之升高。最后，本研究对大学生内隐网络攻击性的增长混合模型分析发现，大学生内隐网络攻击性可以分为迅速升高组、平稳下降组及缓慢上升组。迅速升高组的大学生说明其内隐攻击性受外界环境影响较大，所以他们在接收到网络攻击性的信息时，其内隐网络攻击性会在短时间内急剧升高，而缓慢上升组和平稳下降组的大学生内隐网络攻击性较弱，即使受到负性刺激，也会保持在一定的阈限范围内，甚至在这个阈限范围内持续下降，因而迅速升高组是未来心理咨询工作者关注的对象。

五　结论

（1）基于变量中心的视角发现，在 4 个月时间内，大学生网络社会排斥、道德推脱均呈显著下降趋势，起始水平与下降速度呈负相关；大学生网络攻击行为呈升高趋势，起始水平与下降速度相关不显著；大学生内隐网络攻击性无显著增长趋势。

（2）基于个体中心的视角发现，大学生网络社会排斥可分为高排斥风险组、缓慢下降组及低排斥风险组；大学生网络攻击行为可分为高危型网络攻击组和低危型网络攻击组；大学生道德推脱可分为道德水平快速下滑组、道德水平缓慢提升组和道德水平迅速提升组；大学生内隐网络攻击性可分为迅速升高组、平稳下降组及缓慢上升组。

第六节　网络社会排斥、道德推脱及大学生网络攻击的共变模式研究

一　引言

在第三章第五节中，我们分别基于以变量为中心和以个体为中心的视角探讨了网络社会排斥、大学生网络攻击行为、内隐网络攻击性及道德推脱的变化模式。但这只是对特定的某一种心理特质的发展趋势的研究，而对于它们间发展的共变关系却没有给出明确的答案，也就是说，第三章第五节的内容是无法证明网络社会排斥、大学生网络攻击行为、内隐网络攻击性及道德推脱之间的动态联系和变化速率间的动态关系的。因此，本部分基于第三章第五节内容的不足，主要解决两个问题：①采用多元潜变量增长曲线模型，探讨网络社会排斥、大学生网络攻击行为、内隐网络攻击性及道德推脱的发展参数之间的动态联系；②采用平行发展模式的潜变量增长曲线模型，探讨道德推脱的发展参数分别在网络社会排斥与大学生网络攻击行为及内隐网络攻击性发展参数间的中介作用。于是，本研究提出假设 H9 和 H10。H9：道德推脱的发展参数在网络社会排斥发展参数与大学生网络攻击行为发展参数间起中介作用。H10：道德推脱的发展参数在网络社会排斥发展参数与大学生内隐网络攻击性发展参数间起中介作用。

二　方法

（一）研究对象

本研究采用整群随机抽样的方法，选取江苏省、河南省、福建省、甘

肃省、辽宁省、黑龙江省及内蒙古自治区 7 省区共 7 所本科院校的 2000 名本科生为被试进行为期 2 个月的追踪。第 1 次追踪时间为 2019 年 9 月 16 日至 23 日，共发放问卷 2000 份，收回有效问卷 1734 份，有效作答率为 86.7%。在 1734 名有效作答问卷的学生中男生 793 人，女生 941 人；大一 616 人，大二 268 人，大三 496 人，大四 354 人；文科 776 人，理科 498 人，工科 460 人；被试年龄范围为 16~24 岁，平均年龄为 19.39±1.43 岁，年龄信息缺失 23 人。第 2 次追踪时间为 2019 年 10 月 16 日至 23 日，共发放问卷 2000 份，考虑到第 1 次追踪测量为基线水平，故第 2 次追踪实际问卷的数量为 1734 份（排除第一次未作答的被试但第二次作答了的被试），共收回有效问卷 1487 份，被试流失 247 人，问卷有效作答率为 85.8%，被试流失率 14.2%。在 1487 名有效作答问卷的学生中男生 630 人，女生 857 人；大一 520 人，大二 234 人，大三 455 人，大四 278 人；文科 709 人，理科 417 人，工科 361 人；被试年龄范围为 16~24 岁，平均年龄为 19.43±1.44 岁，年龄信息缺失 21 人。第 3 次追踪时间为 2019 年 11 月 18 日至 25 日，共发放问卷 2000 份，考虑到第 1 次追踪测量为基线水平，故第 3 次追踪实际问卷的数量为 1734 份，共收回有效问卷 1525 份，被试流失 209 人，问卷有效作答率为 87.9%，被试流失率 12.1%。在 1525 名有效作答问卷的学生中男生 673 人，女生 852 人；大一 523 人，大二 240 人，大三 471 人，大四 291 人；文科 721 人，理科 424 人，工科 380 人；被试年龄范围为 16~24 岁，平均年龄为 19.44±1.44 岁，年龄信息缺失 231 人。第 4 次追踪时间为 2019 年 12 月 15 日至 21 日，考虑到第 1 次追踪测量为基线水平，故第 4 次追踪实际问卷的数量为 1734 份，共收回有效问卷 1476 份，被试流失 258 人，问卷有效作答率为 85.1%，被试流失率 14.9%。在 1476 名有效作答问卷的学生中男生 681 人，女生 795 人；大一 531 人，大二 232 人，大三 421 人，大四 292 人；文科 666 人，理科 447 人，工科 363 人；被试年龄范围为 16~24 岁，平均年龄为 19.00±1.45 岁，年龄信息缺失 279 人。

（二）研究工具

（1）网络社会排斥问卷（Cyber-ostracism Questionnaire，COQ）。本研

究采用童媛添（2015）编制的《大学生网络社会排斥问卷》。该问卷主要用于测量大学生在使用网络过程中遭受排斥的程度，得分越高，排斥体验越强烈。问卷共 14 个条目，采用 1（从未）~5（总是）五点计分，无反向计分条目，问卷包含了网络个体聊天（主要指大学生在网络平台上进行一对一的互动过程中的排斥体验）、网络群体聊天（主要指大学生在网络平台上进行群体聊天的互动过程中的排斥体验）和网络个人空间（主要指大学生在网络平台上表露时的排斥体验，如朋友圈、QQ 空间、微博平台等）3 个维度。在第 1 次追踪研究中，问卷整体的 Cronbach's α 系数为0.91，网络个体聊天维度的 Cronbach's α 系数为 0.85，网络群体聊天维度的 Cronbach's α 系数为 0.86，网络个人空间维度的 Cronbach's α 系数为0.74；在第 2 次追踪研究中，问卷整体的 Cronbach's α 系数为 0.94，网络个体聊天维度的 Cronbach's α 系数为 0.89，网络群体聊天维度的 Cronbach'sα 系数为 0.89，网络个人空间维度的 Cronbach's α 系数为 0.80；在第 3 次追踪研究中，问卷整体的 Cronbach's α 系数为 0.96，网络个体聊天维度的Cronbach's α 系数为 0.93，网络群体聊天维度的 Cronbach's α 系数为 0.91，网络个人空间维度的 Cronbach's α 系数为 0.86；在第 4 次追踪研究中，问卷整体的 Cronbach's α 系数为 0.96，网络个体聊天维度的 Cronbach's α 系数为 0.93，网络群体聊天维度的 Cronbach's α 系数为 0.92，网络个人空间维度的 Cronbach's α 系数为 0.85。

（2）网络攻击行为量表（Online Aggressive Behavior Scale, OABS）。本研究采用赵锋和高文斌（2012）编制的《少年网络攻击行为量表》。该量表主要测量大学生在使用网络的过程中对他人实施攻击行为的程度，得分越高，说明网络攻击行为越强。该量表共 15 个条目，采用 1（从不）~4（总是）四点计分，无反向计分题目，包含了工具性攻击（主要指攻击者利用网络攻击他人是为了获得某种利益，攻击者本身没有遭受他人的网络攻击）和反应性攻击（主要指攻击者在受到他人的网络攻击后发起的对他人的报复性的攻击行为）2 个维度。在第 1 次追踪研究中，量表整体的Cronbach's α 系数为 0.82，工具性攻击维度的 Cronbach's α 系数为 0.72，反应性攻击维度的 Cronbach's α 系数为 0.73；在第 2 次追踪研究中，量表整体的 Cronbach's α 系数为 0.90,工具性攻击维度的 Cronbach's α 系数为 0.82,反应性攻击维度的 Cronbach's α 系数为 0.86;在第 3 次追踪中,量表整体的 Cronbach's α 系数为 0.93,工具性攻击维度的 Cronbach's α 系数为 0.86,反应性攻击维度的 Cronbach's α 系数为 0.90;在第 4 次追踪中,量表整体的 Cronbach's α 系数为 0.94,工具性攻击维度的 Cronbach's α 系数为 0.90,反应性攻击维度的 Cronbach's α 系数为 0.91。

(3)内隐网络攻击性词干补笔测验问卷(Implicit Cyber-Aggressive Word Stem Completion Questionnaire,ICAWSCQ)。内隐网络攻击性的测量采用《内隐网络攻击性词干补笔测验问卷》,由研究者参考《青少年内隐攻击性词干补笔测验》(田媛,2009)自行编制。问卷中呈现目标字和探测字。探测字与目标字中的任意一个字均能组成词语(目标词、干扰词、中性词)。当被试选中的字是代表内隐网络攻击性的词语时(目标词),得 1 分,当选中其他的字时(干扰词、中性词)不得分,最后求出被试选择目标词的总分,即为本研究因变量指标得分。被试得分越高,说明其内隐网络攻击性越强。施测过程中,目标字以拉丁方的形式呈现,以降低空间误差。被试在拿到问卷后,要求从备选的 3 个目标字中选择一个字,可以与探测字组成词语,但并不知道实验的真实目的。

例:探测字: 躺( )

目标字: 1. 枪(目标词) 2. 尸(干扰词) 3. 卧(中性词)

(4)中文版道德推脱问卷(Moral Disengagement Questionnaire,MDQ)。本研究采用王兴超和杨继平(2010)修订的《中文版道德推脱问卷》。该问卷主要测量大学生的道德推脱水平,被试得分越高,道德推脱水平越高。问卷共 26 个条目,采用 1(完全不同意)~5(完全同意)五点计分,无反向计分题目。问卷包含了道德辩护(个体出现违反道德的行为时,为自己不良的行为在道德上的可接受性做辩护解释)、委婉标签(个体通过一些中立的道德语言使自己违反道德的行为变得可接受)、有利比较(个体将更不道德的行为与自己不道德的行为相比较,从而使自己的不道德行为造成的后果可忽略)、责任转移(个体将自己不道德行为的责任归因于他人)、责任分散(通常出现在集体情境下,即自己的不道德行为是与集体有关的)、忽视或扭曲结果(个体选择性的忽视由自己不道德行为产生的不良后果,从而避免负性情绪)、非人性化(个体通过贬低他人而将自己的不道德行为进行合理化)、责备归因(个体过分强调别人的过错而使自己的道德责任被忽略)8个维度(杨继平等,2015)。

在4次追踪研究中,问卷整体的Cronbach's α系数分别为0.91、0.94、0.95、0.96,道德辩护维度的Cronbach's α系数分别为0.72、0.80、0.84、0.86,委婉标签维度的Cronbach's α系数分别为0.63、0.66、0.73、0.71,有利比较维度的Cronbach's α系数分别为0.76、0.85、0.89、0.89,责任转移维度的Cronbach's α系数分别为0.73、0.79、0.85、0.87,责任分散维度的Cronbach's α系数分别为0.65、0.72、0.77、0.73,忽视或扭曲结果维度的Cronbach's α系数分别为0.70、0.78、0.84、0.84,非人性化维度的Cronbach's α系数分别为0.70、0.76、0.82、0.83,责备归因维度的Cronbach's α系数分别为0.75、0.80、0.83、0.86。

三 结果

(一)各主变量的共变关系

为了更精确地分析本研究各主变量间的发展趋势以及它们间的发展关系。本研究采用多元潜变量增长曲线模型来考察网络社会排斥、大学生网络攻击行为、内隐网络攻击性及道德推脱之间的共变关系(见图3-31)。结果显示,模型拟合良好(见表3-49)。

结果表明如下几点。①大学生网络社会排斥的初始状态(截距)与网络攻击行为、道德推脱及内隐网络攻击性均呈正相关;大学生网络社会排斥的截距与网络攻击行为、道德推脱及内隐网络攻击性的变化速度(斜率)均不相关。②大学生网络社会排斥的变化速度(斜率)与网络攻击行为、道德推脱的变化速率均呈正相关。③大学生网络攻击行为的初始状态(截距)与道德推脱、内隐网络攻击性均呈正相关;大学生网络攻击行为的截距与道德推脱和内隐网络攻击性的斜率呈负相关;大学生网络攻击行为的变化速度(斜率)与道德推脱和内隐网络攻击性的斜率呈正相关。

④道德推脱的截距与内隐网络攻击性的截距呈正相关。其他增长参数间的关系见表3-48。

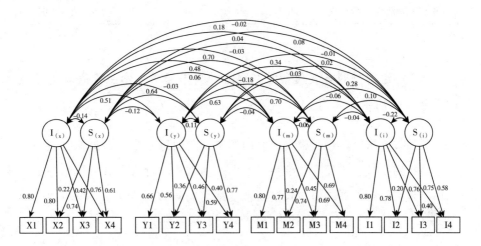

说明：$I_{(x)}$，网络社会排斥的截距；$S_{(X)}$，网络社会排斥的斜率；$I_{(y)}$，网络攻击行为的截距；$S_{(y)}$，网络攻击行为的斜率；$I_{(m)}$，道德推脱的截距；$S_{(m)}$，道德推脱的斜率；$I_{(i)}$，内隐网络攻击性的截距；$S_{(i)}$，内隐网络攻击性的斜率。

图 3-31　多元一阶相关潜变量增长曲线模型

表 3-48　各主变量增长参数间关系估计

		网络社会排斥		网络攻击行为		道德推脱		内隐网络攻击性	
		截距	斜率	截距	斜率	截距	斜率	截距	斜率
网络社会排斥	截距	1							
	斜率	-0.143**	1						
网络攻击行为	截距	0.512***	-0.124**	1					
	斜率	-0.031	0.638***	0.105	1				
道德推脱	截距	0.484***	0.058	0.626***	-0.044	1			
	斜率	-0.034	0.699***	-0.181***	0.702***	-0.060	1		
内隐网络攻击性	截距	0.183***	0.04	0.344***	0.028	0.284***	-0.038	1	
	斜率	-0.017	0.08	-0.013*	0.022***	-0.023	0.096	-0.221***	1

注：* $p<0.05$，** $p<0.01$；*** $p<0.001$。

表 3-49　多元潜变量增长曲线模型拟合指数

Model	χ^2	df	χ^2/df	TLI	CFI	RMSEA
多元一阶潜变量增长曲线	530.11	92	5.76	0.96	0.95	0.052

（二）道德推脱各发展参数在网络社会排斥与大学生网络攻击行为间发展参数的中介作用

基于多元潜变量增长模型研究的结果，我们进一步探讨道德推脱的发展参数在网络社会排斥发展参数与大学生网络攻击行为发展参数间的中介作用。采用平行发展式潜增长模型来考察它们间的逻辑联系。模型架构如图 3-32 所示。模型各指标均拟合良好（见表 3-50）。

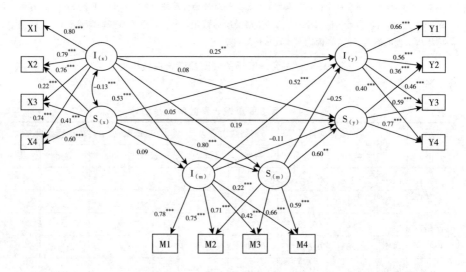

说明：$I_{(X)}$，网络社会排斥的截距；$S_{(X)}$，网络社会排斥的斜率；$I_{(y)}$，网络攻击行为的截距；$S_{(y)}$，网络攻击行为的斜率；$I_{(m)}$，道德推脱的截距；$S_{(m)}$，道德推脱的斜率。下表同。

图 3-32　网络社会排斥对大学生网络攻击行为影响的平行发展模式 LGCM 共变关系

表 3-50 网络社会排斥与大学生网络攻击行为的平行发展模式
LGCM 共变关系拟合指数

Model	χ^2	df	χ^2/df	TLI	CFI	RMSEA
平行发展模式的潜增长曲线模型 2	125.34	51	2.46	0.98	0.99	0.03

结果表明：①网络社会排斥的截距对大学生道德推脱及网络攻击行为的截距均具有显著预测作用（$\beta=0.53$，$p<0.001$；$\beta=0.25$，$p<0.05$），道德推脱的截距对大学生网络攻击行为的截距具有显著预测作用（$\beta=0.52$，$p<0.001$），这说明从整体上来看，大学生的道德推脱平均水平在网络社会排斥与大学生网络攻击行为的平均水平间起部分中介作用；②网络社会排斥的斜率对大学生道德推脱的斜率具有显著预测作用（$\beta=0.80$，$p<0.001$），道德推脱的斜率对大学生网络攻击行为的斜率具有显著预测作用（$\beta=0.60$，$p<0.01$），网络社会排斥的斜率对大学生网络攻击行为的斜率预测作用不显著（$\beta=0.19$，$p>0.05$），这说明从整体上来看，网络社会排斥的增长速率会直接影响道德推脱的增长速率的变化，进而影响大学生网络攻击行为增长速率的变化。也就是说，道德推脱的增长速率在网络社会排斥与大学生网络攻击行为的增长速率间起完全中介作用。其他系数见表3-51。

表 3-51 网络社会排斥与大学生网络攻击行为的平行发展模式
LGCM 共变关系回归

路径	偏回归系数				标化系数
	系数（$\beta/Coef$）	标准误（SE）	t	p	（β）
I（x）→I（m）	0.48	0.04	13.57	<0.001	0.53
I（x）→S（m）	0.01	0.02	0.77	0.440	0.05
I（m）→I（y）	0.14	0.02	7.84	<0.001	0.52
I（m）→S（y）	−0.02	0.01	−1.66	0.097	−0.11
S（x）→I（m）	0.31	0.18	1.74	0.082	0.09
S（x）→S（m）	0.79	0.12	6.68	<0.001	0.80
S（m）→I（y）	−0.23	0.17	−1.30	0.192	−0.25

路径	偏回归系数				标化系数
	系数（β/Coef）	标准误（SE）	t	p	（β）
S（m）→S（y）	0.35	0.12	2.91	<0.01	0.60
I（x）→I（y）	0.06	0.02	3.80	<0.01	0.25
I（x）→S（y）	0.01	0.01	1.33	0.185	0.08
S（x）→I（y）	0.07	0.15	0.48	0.632	0.08
S（x）→S（y）	0.11	0.11	1.02	0.308	0.19

同样的，本研究基于多元潜变量增长模型研究的结果，进一步探讨道德推脱的发展参数在网络社会排斥和大学生内隐网络攻击性发展参数间的中介作用。采用平行发展式潜增长曲线模型来考察它们间的逻辑联系。模型架构如图3-33所示。模型的各指标均拟合良好（见表3-52）。模型运行结果表明：①网络社会排斥的截距对大学生道德推脱及内隐网络攻击性的截距均具有显著预测作用（β=0.51，$p<0.001$；β=0.08，$p<0.05$），道德推脱的截距对大学生内隐网络攻击性的截距具有显著预测作用（β=0.24，$p<0.001$），这说明从整体上来看，大学生道德推脱平均水平在网络社会排斥与大学生内隐网络攻击性的平均水平间起部分中介作用；②网络社会排斥的斜率对大学生道德推脱的斜率具有显著预测作用（β=0.67，$p<0.001$），道德推脱的斜率对大学生内隐网络攻击性的斜率的预测作用不显著（β=0.06，$p>0.05$），网络社会排斥的斜率对大学生内隐网络攻击性的斜率预测作用不显著（β=0.03，$p>0.05$）。基于Bootstrap的重复抽样表明（重复抽样2000次），与中介有关的两个系数乘积的95%置信区间为[-0.003，0.067]，置信区间包含0，说明道德推脱斜率的中介作用不显著。因此，从整体上来看，网络社会排斥的增长速率变化会直接影响道德推脱增长速率的变化，而道德推脱增长速率的变化却不影响大学生内隐网络攻击性增长速率的变化，也就是说，大学生道德推脱的增长速率在网络社会排斥与大学生内隐网络攻击性的增长速率间不起中介作用。其他系数见表3-53。

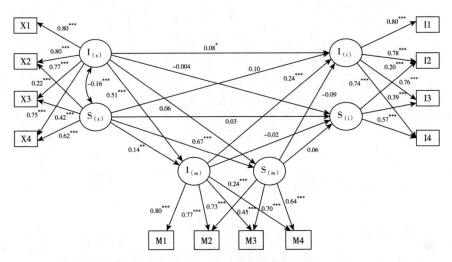

说明：$I_{(X)}$，网络社会排斥的截距；$S_{(X)}$，网络社会排斥的斜率；$I_{(i)}$，内隐网络攻击性的截距；$S_{(i)}$，内隐网络攻击性的斜率；$I_{(m)}$，道德推脱的截距；$S_{(m)}$，道德推脱的斜率。下表同。

图 3-33　网络社会排斥对大学生内隐网络攻击性影响的平行发展模式 LGCM 共变关系

表 3-52　网络社会排斥与大学生内隐网络攻击性平行发展模式 LGCM 共变关系拟合指数

Model	χ^2	df	χ^2/df	TLI	CFI	RMSEA
平行发展模式的潜增长曲线模型 1	196.88	52	3.79	0.96	0.94	0.04

表 3-53　网络社会排斥与大学生内隐网络攻击性的平行发展模式 LGCM 共变关系回归

路径	偏回归系数				标化系数
	系数（β/Coef）	标准误（SE）	t	p	（β）
$I_{(x)} \rightarrow I_{(m)}$	0.47	0.03	13.68	<0.001	0.51
$I_{(x)} \rightarrow S_{(m)}$	0.02	0.02	1.21	0.228	0.06
$I_{(m)} \rightarrow I_{(i)}$	0.06	0.01	5.91	<0.001	0.24
$I_{(m)} \rightarrow S_{(i)}$	-0.001	0.004	-0.308	0.758	-0.02
$S_{(x)} \rightarrow I_{(m)}$	0.48	0.17	2.83	0.005	0.14
$S_{(x)} \rightarrow S_{(m)}$	0.71	0.10	7.50	<0.001	0.67

续表

路径	偏回归系数				标化系数
	系数（$\beta/Coef$）	标准误（SE）	t	p	（β）
S（m）→I（i）	-0.08	0.08	-1.02	0.307	-0.09
S（m）→S（i）	0.01	0.03	0.57	0.578	0.06
I（x）→I（i）	0.02	0.01	2.03	0.043	0.08
I（x）→S（i）	<0.001	0.004	-0.07	0.945	-0.004
S（x）→I（i）	0.09	0.08	1.18	0.242	0.10
S（x）→S（i）	0.007	0.03	0.24	0.809	0.03

四　讨论

本研究基于多元潜增长模型发现，大学生网络社会排斥的初始状态（截距）与网络攻击行为、道德推脱及内隐网络攻击性均呈正相关，这说明大学生网络社会排斥得分较高的个体，在其他心理量上得分也高；大学生网络社会排斥的截距与网络攻击行为、道德推脱及内隐网络攻击性的变化速度（斜率）均不相关，这说明大学生网络社会排斥的初始状态与其他心理量的变化速度无关；大学生网络社会排斥的变化速度（斜率）与网络攻击行为、道德推脱的变化速率均呈正相关，这说明大学生网络社会排斥与道德推脱及网络攻击行为的变化速率是相同的变化趋势；大学生网络攻击行为的初始状态（截距）与道德推脱、内隐网络攻击性均呈正相关，这说明大学生网络攻击行为得分高的个体，他们的道德推脱、内隐网络攻击性得分也高；大学生网络攻击行为的截距与道德推脱和内隐网络攻击性的斜率呈负相关，这说明大学生网络攻击行为得分高的个体，其道德推脱和内隐网络攻击性的变化趋势降低得更快；大学生网络攻击行为的变化速率（斜率）与道德推脱和内隐网络攻击性的斜率呈正相关，这说明大学生在这几个心理量上的变化趋势是同步的；道德推脱的截距与内隐网络攻击性的截距呈正相关，说明大学生道德推脱得分高的个体，其内隐网络攻击性也高。同时也说明各主变量的截距和斜率的变化是具有同步趋势的，它们之间的这种变化一方面可能是网络社会排斥的变化造成的，另一方面可能是时间的流逝而冲淡了消极的心理体验而导致的。

本研究基于平行发展式潜增长曲线模型的结果发现，大学生道德推脱截距及斜率分别在网络社会排斥与大学生网络攻击行为的截距间及斜率间分别起部分中介作用，这验证了本研究的假设 H9。由此可以说明，正是大学生遭受网络社会排斥在前，所以导致他们在很长的一段时间内的道德推脱水平的变化，进而促使他们出现网络攻击行为，即网络社会排斥是大学生道德推脱和网络攻击行为变化的前因；随着时间的流逝，大学生网络社会排斥降低，其道德推脱的变化也在按照同步的趋势降低，且这种变化的发展参数起中介作用，这给网络社会排斥是另外两个心理量变化产生的前因进一步提供了可靠的证据。此外，本研究发现，大学生网络社会排斥与道德推脱水平下降的同时，网络攻击行为水平却呈现升高的趋势，一方面，这是由于网络匿名性和便利性特点，在大学生出现网络攻击行为后，很容易习得这种攻击范式，随着时间的增加，大学生也就很容易出现网络攻击行为，甚至在其表现出网络攻击行为时，自身并没有意识到；另一方面，这可能是由于网络社会排斥和道德推脱的时间迁移效应所致，即大学生网络社会排斥和道德推脱需要在一定的时间内才起作用，由于这种作用是潜移默化的，难以随着网络社会排斥体验和道德推脱水平的降低，立马就能反映在网络攻击行为的水平上。因而这两类负性情绪体验降低后，个体还需要较长一段时间的身心过程的适应和处理，之后才会改变行为观念，进而改变行为，由于本研究的时间跨度只有 4 个月，时间比较短暂，这两类负性情绪体验降低时，虽然个体的行为观念可能已出现了认知的改变，但对行为的影响尚在变化之中。由于这种改变的趋势较为缓慢，在未明显表现出变化之前，研究者就已结束了测量工作，这就导致这种行为的变化趋势没有立刻被测量出来，因此这三个量的变化依然是线性变化，所以网络社会排斥及道德推脱的变化率对于网络攻击行为变化率的预测依然是正向预测。此外，本研究发现，道德推脱截距在网络社会排斥与大学生内隐网络攻击性的截距起部分中介作用，说明这三个心理量的平均水平是有一定联系的，而大学生道德推脱的增长速率在网络社会排斥与大学生内隐网络攻击性的增长速率间不起中介作用，说明这三个变量的变化不同步，本研究的假设 H10 没有得到验证。究其原因，这可能是由于内隐网络攻击性的稳定特点，在这 4 次追踪的过程中，其变化趋势并不明显，所以即使另外两个心理量同步变化，内隐网络攻击性也不随之变化，故另外两个心理量的发展参数对其不产生作用，因而中介也就不显著。另外，结合本研究纵向交叉滞后研究结果，我们可以认为，大学生遭受网络社会排斥后，一方面会促使道德推脱水平升高，另一方面激活了个体的内隐网络攻击性。随着时间的流逝，大学生网络社会排斥体验逐渐降低，道德推脱水平也随之降低，但由于内隐网络攻击性具有稳定性的特点，其变化趋势稳定在某个水平不再随着时间的流逝而升高或降低，因而其发展参数不再发生显著的变化，故道德推脱、网络社会排斥对大学生内隐网络攻击性发展参数的纵向预测作用均不显著。

五　结论

（1）大学生网络社会排斥的截距与网络攻击行为、道德推脱及内隐网络攻击性截距均呈正相关；大学生网络社会排斥的斜率与网络攻击行为、道德推脱的斜率均呈正相关；大学生网络攻击行为的截距、斜率分别与道德推脱、内隐网络攻击性的截距、斜率呈正相关；大学生网络攻击行为的截距与道德推脱和内隐网络攻击性的斜率呈负相关；道德推脱的截距与内隐网络攻击性的截距呈正相关。

（2）大学生道德推脱截距在网络社会排斥与大学生网络攻击行为的截距间起部分中介作用；大学生道德推脱增长速率在网络社会排斥与大学生网络攻击行为的增长速率间起完全中介作用。

（3）大学生道德推脱截距在网络社会排斥与大学生内隐网络攻击性的截距间起部分中介作用；大学生道德推脱的增长速率在网络社会排斥与大学生内隐网络攻击性的增长速率间无中介作用。

第四章 讨论

第一节 网络社会排斥对大学生网络攻击
影响的实验研究讨论

本研究的第 1 个行为实验证明了网络社会排斥会直接导致大学生出现网络攻击行为；第 2 个与第 3 个实验证明了网络社会排斥会激活大学生内隐网络攻击性，进而提升内隐网络攻击性水平；在此基础上，研究者提出了道德推脱可能在网络社会排斥与大学生网络攻击间起中介作用，并进而在第 4 个和第 5 个实验中证明了这一假设。这 5 个实验的结果同时也说明了大学生在短时间内遭受网络社会排斥后，会激活已有的攻击性认知，引发道德推脱现象，甚至直接导致网络攻击行为。于是，我们可以大胆推测，大学生网络攻击行为的出现是否严格遵循社会信息加工理论所提及的六个阶段？这六个阶段分别是线索译码阶段、线索解释阶段、澄清目标阶段、搜寻建构新反应阶段、评估行为反应阶段及启动反应阶段（Crick & Dodge, 1993; Dodge & Crick, 1990; 杨慧芳, 2002）。从本研究得出的结果来看，个体网络攻击行为的出现并不一定完全遵循这六个阶段，可能只需要其中一个阶段或者其中几个阶段就可以完全引发网络攻击行为的生成。比如，个体可能因为网络的匿名性特点而对不特定的个体发动攻击，这种攻击形式并不需要社会信息加工理论中的线索的译码和解释，同时，一些被试完全可以在经过简短的网络聊天之后，就表现出极强的攻击性，出现谩骂现象，并且聊天时间越久，谩骂侮辱的现象就越严重，甚至出现泛化的现象，在这一过程中，被试就省略了线索解释、澄清目标、搜寻建构新反应及评估行为反应这四个阶段，而表现出极其强烈的本能反应，被试在意识层面也未对此做更深入的加工。因此，本研究的结果简化了攻击行为产生的社会信息加工理论，这可能与网络攻击行为和传统攻击行为的差异有关。网络攻击行为的产生带有强烈的环境性，这种环境性的典型特征是匿名性和便利性，这两点结合起来，被试的本能就被放大，对行为产生后果的思考减少，道德滑坡，也就很容易出现各类非适应性行为，因而在表现出网络攻击行为时，也就不会严格遵循社会信息加工理论的六个阶段。

另外，通过道德推脱中介的实验，本研究发现，网络社会排斥作为一种强烈的负性刺激，可以促使个体道德认知异化，思维不合逻辑，情绪体验强烈，攻击性水平升高，也就是说，强烈的负性刺激是导致大学生出现网络非适应性行为的重要原因，而网络社会排斥则是这种负性刺激的典型反应之一，由于遭到这种负性刺激的排斥，进一步干扰了大学生正常的道德认知系统的工作，使道德认知异化，道德监控系统放松，最终使个体出现各类异常行为。换言之，大学生在使用网络过程中出现网络攻击行为或内隐网络攻击性水平升高的外部原因是遭受网络社会排斥的负性刺激，内部原因是道德推脱水平的升高。综上所述，我们通过这些研究结果，可以推理出大学生网络攻击行为的生成至少经历了刺激接受—认知处理—反应生成三个阶段，遭受网络社会排斥是刺激接受阶段，诱发道德推脱水平升高是认知处理阶段，内隐网络攻击性水平的升高和网络攻击行为的表达是反应生成阶段。

此外，如前所述，以往关于网络社会排斥的实验研究都会不同程度地遭受质疑，这是因为网络社会排斥的实验范式借鉴的是社会排斥的实验范式，引发个体产生的排斥体验到底是网络社会排斥导致的还是社会排斥导致的，这两种排斥一直在以往的实验范式中无法有效分离。因此，本研究基于这种缺陷，在借鉴 O-Cam 范式的基础上，结合我国本土化网络发展的实际情况，扬长避短，进而改编出具有较高内部效度的网络聊天实验范式，这保证了实验获得的结果更稳定，因果的解释性更强。另外，本研究基于互联网发展的状况，开创性地提出了内隐网络攻击性这一概念，并对其进行了实验研究和追踪研究。本研究编制的《内隐网络攻击性词干补笔测验问卷》不仅为实验研究提供工具，同时也为追踪研究的量化提供了计量手段，并且为未来相关的研究提供科学的工具。

总而言之，本研究开发的网络聊天实验范式及自编的《内隐网络攻击性词干补笔测验问卷》均具有较高的内部效度和外部效度，无论是问卷的编制过程还是网络聊天实验范式的开发过程，都严格按照心理测量学的科学流程，这不仅保证了研究结果的可信性和科学性，而且为未来相关的研究提供了本土化的测量工具和研究范式，同时，这也是本研究的重要贡献和创新。

第二节　网络社会排斥对大学生网络攻击影响的追踪研究讨论

追踪的交叉滞后研究结果表明，网络社会排斥可以显著影响大学生网络攻击行为及内隐网络攻击性，且道德推脱均起纵向的中介作用，这验证了 Anderson 及 Bushman（2001）长时效应的观点。网络社会排斥不仅能在短时间内改变个体的认知和情绪状态，而且能在长时间内影响个体人格特质成分的变化，容易形成攻击性人格（刘元等，2011；魏华等，2010；Anderson & Bushman，2001；Anderson & Dill，1986、2000）。大学生长期反复遭受网络社会排斥，会造成心理抵抗能力的下降，道德推脱水平的持续升高，乃至内隐攻击性水平的增强，并最终出现网络攻击行为。当大学生遭受网络社会排斥后，他们会通过各种方式习得网络攻击的行为模式，进而潜意识地对他人实施网络攻击行为，这也验证了一般学习模型理论的观点。大学生在反复遭受网络社会排斥后，他们的情绪状态会在相当的一段时间内无法平复，会体验到抑郁、焦虑、压力、愤怒等一系列的复杂情绪，这些复杂情绪会在一定程度上影响认知系统的工作，特别对道德认知系统造成严重干扰，这会直接造成大学生道德推脱水平的升高，道德品质的下降，而道德推脱水平的升高是攻击行为出现的主要原因（高玲等，2010）。因此，当大学生在高道德推脱水平的影响下使用网络的时候，很容易对他人实施网络攻击行为。同时，本研究发现，在 4 个月的时间内，大学生网络社会排斥、道德推脱均呈显著下降趋势，网络攻击行为呈显著升高趋势，而内隐网络攻击性的增长趋势不显著。这些研究结果说明，大学生遭受网络社会排斥是一个状态性的过程，但这个状态性的过程对大学生造成的影响是持久弥漫性的，它不仅会造成大学生道德推脱在长时间内升高，也会进一步导致大学生出现网络攻击行为。从大学生网络社会排斥与道德推脱的同步增长、同步降低的趋势来看，道德推脱显然容易受外界环境的影响而发生变化，而这种变化的前提是个体情绪系统的变化，进而影响了道德认知的变化，并最终导致行为系统也发生了改变。然而，持有道德推脱特质论观点的学者认为，道德推脱是个体的一种稳定的人格特质，这种特质是与生俱来的，其对攻击行为的出现是一种调节作用（Gini et al.，2013、2015a、2015b；Moore，2015；Wang et al.，2017b），显然，本研究的结果驳斥了道德推脱特质论的观点。

本研究的平行发展式增长模型结果表明，大学生道德推脱增长速率在网络社会排斥与大学生网络攻击行为的增长速率间起完全中介作用，而大学生道德推脱的增长速率在网络社会排斥与大学生内隐网络攻击性的增长速率间无中介作用。这证明了内隐网络攻击性和网络攻击行为是两种不同的分离机制，同时，结合本研究的实验结果，我们认为内隐网络攻击性可以通过实验的方式诱发，且诱发后会在很长的时间内处于潜意识层面。一旦环境中有相似的负性刺激，个体的内隐网络攻击性就很容易被激活。激活后的内隐网络攻击性对于个体下一阶段的网络攻击行为的表达起推动作用，但这种推动作用不等于决定性作用，个体网络攻击行为的表达是一种复杂的认知和行为决策的过程。当个体出现网络攻击行为时，说明个体的攻击性已出现了内隐与外显的分离，这已经属于两个不同系统机制的工作了。导致道德推脱的变化速率在网络社会排斥与大学生内隐网络攻击性间中介不显著的原因是其稳定性的特点，网络社会排斥与道德推脱均受环境的影响较大，因而它们的增长趋势的步调是一致的，而大学生内隐网络攻击性的增长步调是平稳的，是没有显著变化趋势的，它与网络社会排斥及道德推脱的变化速率是不一致的，另外两个变量增长或降低的同时，内隐网络攻击性的变化速率一直处于一成不变的状态，这就注定这三个增长参数之间会出现不显著的增长关系，也就无法验证道德推脱斜率的中介显著。此外，本研究交叉滞后的结果是基于均数的角度，它无法对个体心理量的变化速率进行检验，故交叉滞后的结果证明了网络社会排斥和道德推脱是大学生内隐网络攻击性出现的影响因素，而平行发展式增长模型结果是基于对各心理量随时间的变化而变化的增长速率的检验的，它证明的是网络社会排斥和道德推脱的变化速率与内隐网络攻击性的变化速率的不一致问题。也就是说，本研究使用的两种统计方法事实上证明了一件事物发展的不同方向，从这个角度来讲，两个研究结果反过来证明了内隐网络攻击性实体性特点和道德推脱的认知性特点，以及同时证明了网络社会排斥对大学生网络攻击影响的长时效应的机制问题。

第三节　理论的建构

目前，对于大学生网络攻击理论机制的探讨主要凭借攻击行为理论、偏差行为理论，甚至是犯罪行为理论等。事实上，网络攻击行为与攻击行为、偏差行为，甚至是犯罪行为的确存在相同点，但也存在很多不同点（胡阳、范翠英，2013；Grigg，2010；Pyżalski & Jacek，2012），用这些理论去揭示个体网络攻击的生成机制显然失之偏颇。因此，本研究采用实验研究和追踪研究的方法，初步证实了个体网络攻击行为的生成机制，即经历"刺激接受—认知处理—反应生成"三个阶段，考虑到刺激接受阶段是个体网络攻击形成的根本原因，而认知处理阶段是导致网络攻击形成主要的行为催化剂，因而我们将这一理论构建为"刺激-催化"模型。模型见图4-1。

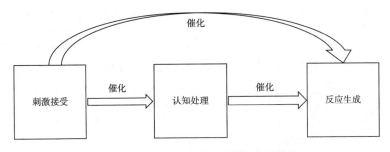

图 4-1　网络攻击行为的刺激-催化模型

刺激接受阶段：这个阶段是指个体从网络环境中接受经认知初步筛选的负性信息，这些负性信息是个体网络攻击行为产生的必要条件。刺激接受阶段主要的任务是接受能引发个体出现网络攻击行为的负性信息，从而引发个体出现网络攻击行为的准备状态，或者直接引发网络攻击行为。换言之，单纯的刺激接受有两种反应。其一，引发个体网络攻击行为的准备状态，但并不直接表现出来，而是要经过进一步的浅层认知加工；其二，直接引发个体出现网络攻击行为，不需要经过浅层的认知加工处理，这种直接引发的网络攻击行为就好像人类的本能，只要有刺激，就出现反应。另外，在网络环境下，网络的匿名性特点也是网络攻击行为出现的"催化剂"。如果有旁观者，单纯的刺激接受会导致个体网络攻击行为频率的大幅度降低（Barlinska et al., 2013）。比如，个体遭受网络社会排斥后，会导致两种反应，一种是直接反应，即短时间内引发个体立即出现网络攻击行为，但这种反应出现的概率较低；另一种则是间接反应，即在较长的一段时间内引发个体出现网络攻击行为的准备状态，个体的认知加工系统也会对这些负性刺激做进一步的浅层认知处理，浅层认知处理会引发个体认知思维的改变，为下一步的行为实施做认知准备。

认知处理阶段：这个阶段主要指个体对刺激接受阶段接受的负性信息进行的深层认知加工处理。事实上，这种深层的认知加工处理都是在很短的时间内完成的。当刺激阶段的加工结果尚不能引发个体产生网络攻击行为时，便进入催化处理阶段，个体对这些信息进行进一步的精细加工处理，从而在认知上对自己要实施的网络攻击行为进行合理化。这进一步催化了网络攻击行为的表达，换言之，认知处理的过程本质上是一种加速的催化过程，使个体网络攻击行为的表达"师出有名"。同样的，在这个阶段，网络的匿名性特点也是一种正向的催化剂。比如，个体在遭受网络社会排斥后，在经过刺激接受以及浅层的认知加工处理后，会进入深层认知加工处理，深层认知加工处理是一种典型的"行为催化"过程，由于个体接受的刺激是负性的，深层的认知加工会首先基于本能而出现自我保护的反应，也就是会对这些伤害自己的负性刺激做出排斥反应，并同时激活自我防御机制，防御机制被激活后，个体便会很少考虑道德的束缚，道德推脱水平也就瞬时升高，这就进一步催化了网络攻击行为的实施，加速了网络攻击行为的生成。

反应生成阶段：这个阶段主要是指个体经历了刺激接受和催化处理后所表现出的外界反应。个体在经历了催化过程后，会在短时间内表现出网络攻击行为，同时，内隐网络攻击性水平也会升高，并在长时间内保持稳定，其情绪状态也会受到一定的影响，比如产生焦虑、抑郁、孤独等负性情绪。也就是说，当个体遭受网络社会排斥后，在经历了深层认知加工的催化处理之后，个体的行为反应水平已突破极限，在考虑自身安全的前提下，个体会在很短的时间内出现网络攻击行为。

结合本研究的实验与追踪的结果可以看出，大学生网络攻击行为的产生严格遵循着刺激接受—认知处理—反应生成这三个阶段，这三个阶段可以有效涵盖大学生网络攻击行为的生成机制，也是揭示大学生网络攻击行为表达的主要过程。负性刺激的接受是大学生网络攻击行为出现的根本原因，正因为网络社会排斥的刺激，才导致大学生道德推脱水平的升高，道德推脱水平的升高是个体认知处理的过程，这个过程更是一种催化作用，这种催化使大学生接受的网络社会排斥体验更加强烈，进而使大学生网络攻击行为很快地生成，即出现反应生成阶段。简言之，个体网络攻击行为的生成是刺激接受和认知处理的综合作用，当然，单独的任一阶段都可以引发个体网络攻击行为的表达，它们相互配合，循序渐进，却又相互独立，在个体网络攻击行为表达的过程中扮演着重要角色。

此外，本研究提出的刺激-催化模型与 I^3 理论具有一定的兼容性和一致性，但也有其独特性（辛自强，2002）。就一致性而言，两个模型都是对攻击行为产生过程的多方位解释，都能在不同程度上预测个体的攻击行为；就兼容性而言，I^3 理论中的刺激因素是指煽动或者激起个体对目标对象产生攻击行为的线索或场景（Finkel，2007），这与本模型中的刺激接受阶段殊途同归，但本研究的刺激接受，包含的范围却不只是引发攻击行为产生的线索和场景，还包含可能引发个体产生网络攻击行为的任何条件机制。I^3 理论中的驱力因素和抑制因素都属于本模型中的催化过程，驱力因素是正向的积极催化，而抑制因素是负向的消极催化，这种催化会抑制个体出现网络攻击行为；就独特性而言，I³理论较少考虑认知因素，而本模型加入了个体的认知处理过程，这使得本模型更具有"人性化"，即个体行为的产生不仅仅是机械的刺激反应过程，而是刺激反应与认知的结合。显然，本研究的结果不仅支持了I³理论的观点，也支持了刺激-催化模型的观点，这在一定程度上说明了本研究提出的刺激-催化模型具有一定的合理性、独特性和进步性。除此之外，本研究提出的刺激-催化模型是对短时效应和长时效应的统合（Anderson & Bushman，2001；Anderson & Dill，1986、2000；Bushman & Huesmann，2006），也是对社会信息加工理论（Crick & Dodge，1993；Dodge & Crick，1990；杨慧芳，2002）在网络环境中的简化、继承和发展。

第四节　不足与展望

本研究虽然从实验和问卷两个方面证实了道德推脱在网络社会排斥对大学生网络攻击行为影响中的中介作用，同时编制了《内隐网络攻击性词干补笔测验问卷》，开发了网络聊天实验范式，也基于这些研究提出了刺激-催化的理论模型。但限于研究者的精力和思维的局限，本研究依然存在三个方面的不足。一是理论方面。本研究虽然提出了刺激-催化模型，但其框架依然局限在行为主义理论的大旗下，虽然本研究对诸如社会信息加工理论等进行了修正和补充，但总体上没有提出一个比较有颠覆性的理论范式，以指导更广泛的研究实践，未来的研究可以考虑从创新理论的角度入手，丰富完善网络攻击行为的理论研究。二是实践方面。本研究虽然运用实验和追踪方法证明了道德推脱在网络社会排斥与大学生网络攻击间的中介作用，但没有进一步对具有高水平网络攻击的个体进行干预，未来的研究可以考虑从降低个体网络社会排斥水平及道德推脱水平入手，探寻网络攻击的有效干预机制，从而降低大学生网络攻击水平，净化网络环境。三是内容方面。本研究虽然证明了道德推脱的中介作用，但事实上，网络社会排斥对大学生网络攻击行为影响的中介除道德推脱外，是否还存在其他中介变量，甚至其他边界条件，本研究没有再进一步探讨，未来的研究也可以从这个方面进行完善，进一步提升研究价值。

结　论

本研究采用实验研究和追踪研究的方法，系统地探讨了网络社会排斥对大学生网络攻击的影响机制，以及道德推脱的中介作用。具体的结论包括以下两个方面。

第一，基于实验研究，本研究得出的结论主要包括以下几点。

（1）网络社会排斥是导致大学生出现网络攻击行为及内隐网络攻击性水平升高的直接原因。

（2）道德推脱在网络社会排斥与大学生网络攻击行为及内隐网络攻击性间均起部分中介作用。

第二，基于追踪研究，本研究得出的结论主要包括以下几点。

（1）T1、T2、T3、T4 网络社会排斥、大学生网络攻击行为、内隐网络攻击性及道德推脱两两呈显著正相关。

（2）在网络社会排斥对大学生网络攻击行为及内隐网络攻击性的长期影响中，道德推脱均起稳定的纵向中介作用。

（3）基于变量中心的视角发现，在 4 个月时间内，大学生网络社会排斥、道德推脱均呈显著下降趋势，起始水平与下降速度呈负相关；大学生网络攻击行为呈升高趋势，起始水平与下降速度相关不显著；大学生内隐网络攻击性无显著增长趋势。

（4）基于个体中心的视角发现，大学生网络社会排斥可分为高排斥风险组、缓慢下降组及低排斥风险组；大学生网络攻击行为可分为高危型网络攻击组和低危型网络攻击组；大学生道德推脱可分为道德水平快速下滑组、道德水平缓慢提升组和道德水平迅速提升组；大学生内隐网络攻击性可分为迅速升高组、平稳下降组及缓慢上升组。

（5）大学生道德推脱的截距在网络社会排斥与大学生网络攻击行为的截距间起部分中介作用；大学生道德推脱的增长速率在网络社会排斥与大学生网络攻击行为的增长速率间起完全中介作用。

（6）大学生道德推脱的截距在网络社会排斥与大学生内隐网络攻击性的截距间起部分中介作用；大学生道德推脱的增长速率在网络社会排斥与大学生内隐网络攻击性的增长速率间无中介作用。

参考文献

安连超、张守臣、王宏、马子媛、赵建芳，2018，《共情对大学生亲社会行为的影响：道德推脱和内疚的多重中介作用》，《心理学探新》第 38 卷第 4 期，第 63~68 页。

陈红、李艺、李运端、范翠英，2020，《网络受欺负对非自杀性自伤的影响：社会排斥和负性情绪的链式中介作用》，《中国特殊教育》第 1 期，第 73~78 页。

陈丽蓉，2018，《道德推脱、道德认同与利他行为的关系研究》，硕士学位论文，天津大学。

陈美芬、陈舜蓬，2005，《攻击性网络游戏对个体内隐攻击性的影响》，《心理科学》第 28 卷第 2 期，第 458~460 页。

陈启玉、唐汉瑛、张露、周宗奎，2016，《青少年社交网站使用中的网络欺负现状及风险因素——基于 1103 名 7-11 年级学生的调查研究》，《中国特殊教育》第 3 期，第 89~96 页。

陈银飞，2013，《道德推脱、旁观者沉默与学术不端》，《科学研究》第 31 卷第 12 期，第 1796~1803 页。

陈媛媛，2018，《网络让他表达攻击？自恋者在社会排斥情境下的攻击行为研究》，硕士学位论文，陕西师范大学。

陈钟奇、刘国雄、王莺清，2019，《父母教养方式与青少年的道德推脱：共情的中介作用》，《中国特殊教育》第 2 期，第 84~90 页。

程苏、刘璐、郑涌，2011，《社会排斥的研究范式与理论模型》，《心理科学进展》，第 19 卷第 6 期，第 905~915 页。

程莹、成年、李至、李岩梅，2014，《网络社会中的排斥：着眼于被排斥者

的心理行为反应》，《中国临床心理学杂志》，第 22 卷第 3 期，第 418~
423 页。

大竹阳一郎、罗学荣、汪贝妮，2018，《网络欺负与初中生非临床抑郁体
验》，《中国临床心理学杂志》，第 26 卷第 6 期，第 71~74 页。

戴春林、孙晓玲，2007，《关于服刑人员的内隐攻击性研究》，《心理科
学》，第 30 卷第 4 期，第 189~191 页。

戴春林、吴明证、杨治良，2006，《个体攻击性结构与自尊关系研究》，
《心理科学》，第 29 卷第 1 期，第 44~46 页。

杜建政、夏冰丽，2008，《心理学视野中的社会排斥》，《心理科学进展》，
第 16 卷第 6 期，第 981~986 页。

杜利梅、李根强、孟勇，2019，《道德推脱视角下网民主观规范与网络集群
行为的关系》，《中国健康心理学杂志》，第 27 卷第 2 期，第 261~
264 页。

范翠英、张孟、何丹，2017，《父母控制对初中生网络欺负的影响：道德推
脱的中介作用》，《中国临床心理学杂志》，第 25 卷第 3 期，第 516~
519 页。

方杰、王兴超，2020，《冷酷无情特质与大学生网络欺负行为的关系：道德
推脱的调节作用》，《中国临床心理学杂志》，第 28 卷第 2 期，第 281~
284 页。

方力，2015，《大学生家庭教养方式、道德推脱和亲社会行为的关系研究》，
硕士学位论文，四川师范大学。

冯亮，2008，《大学生网络道德行为失范及对策》，《教育探索》，第 209 卷
第 11 期，第 118~119 页。

符婷婷、李鹏、叶婷，2020，《共情和网络欺凌：一个链式中介模型》，《心
理技术与应用》，第 8 卷第 2 期，第 104~113 页。

高玲、王兴超、杨继平，2012，《罪犯社会地位感知与攻击行为：道德推脱
的中介作用》，《西北师大学报》（社会科学版），第 49 卷第 5 期，第
114~118 页。

高玲、王兴超、杨继平，2015，《交往不良同伴对男性未成年犯攻击行为的

影响：道德推脱的中介作用》，《心理发展与教育》，第 31 卷第 5 期，第 625~632 页。

高玲、张舒颉，2017，《基于情境的青少年道德推脱发展特点研究》，《教育理论与实践》，第 37 卷第 19 期，第 42~45 页。

郭冰冰，2014，《社会排斥归因对内隐攻击的影响》，硕士学位论文，辽宁师范大学。

郭正茂、杨剑，2018，《父母冲突对青少年运动员攻击行为的影响：基于运动道德推脱的中介与调节作用》，《成都体育学院学报》，第 44 卷第 6 期，第 101~107 页。

韩晓楠，2015，《初中生自我同情问卷编制及其与道德推脱的关系研究》，硕士学位论文，河北师范大学。

胡婷婷，2018，《大学生道德推脱与责任心、父母教养方式的关系研究》，硕士学位论文，江西科技师范大学。

胡维、杨林川、吕厚超、李晔，2017，《微信对被排斥者的补偿作用》，《中国临床心理学杂志》，第 25 卷第 5 期，第 810~813 页。

胡阳、范翠英，2013，《青少年网络欺负行为研究述评与展望》，《中国特殊教育》，第 5 期，第 72~84 页。

胡阳、范翠英、张凤娟、周然，2013，《初中生不同网络欺负角色行为的特点及与抑郁的关系》，《中国心理卫生杂志》，第 27 卷第 12 期，第 913~917 页。

姜维，2018，《中职生父母教养方式、道德推脱和心理韧性的关系研究》，硕士学位论文，贵州师范大学。

矫凤楠，2017，《初中生父母控制、道德推脱与网络欺负的关系研究》，硕士学位论文，山西大学。

金童林，2018，《暴力暴露对大学生网络攻击行为的影响：反刍思维与网络道德的作用》，硕士学位论文，哈尔滨师范大学。

金童林、陆桂芝、张璐、范国沛、李肖肖，2017a，《儿童期心理虐待对大学生网络欺负的影响：道德推脱的中介作用》，《中国特殊教育》，第 2 期，第 65~71 页。

金童林、陆桂芝、张璐、金祥忠、王晓雨，2017b，《特质愤怒对大学生网络攻击行为的影响：道德推脱的作用》，《心理发展与教育》，第 33 卷第 5 期，第 605~613 页。

金童林、陆桂芝、张璐、乌云特娜、金祥忠，2018，《暴力环境接触对大学生网络攻击行为的影响：反刍思维与网络道德的作用》，《心理学报》，第 51 卷第 9 期，第 1051~1060 页。

金童林、陆桂芝、张璐、闫萌智、刘艳丽，2016，《人际需求对大学生网络偏差行为的影响：社交焦虑的中介作用》，《中国特殊教育》，第 9 期，第 65~71 页。

金童林、乌云特娜、张璐、李鑫、黄明明、刘振会、姜永志，2019a，《网络社会排斥对大学生网络攻击行为及传统攻击行为的影响：疏离感的中介作用》，《心理科学》，第 42 卷第 5 期，第 1106~1112 页。

金童林、乌云特娜、张璐、李鑫、刘振会，2019b，《儿童期心理虐待对青少年网络欺负的影响：领悟社会支持与性别的调节作用》，《心理科学》，第 43 卷第 2 期，第 323~332 页。

金童林、张璐、乌云特娜、杨宏、苏田、黄明明，2019c，《网络社会排斥对大学生抑郁的影响：网络疏离感的中介作用》，《中国临床心理学杂志》，第 25 卷第 4 期，第 741~745 页。

康琪、桑青松、魏华、岳鹏飞，2020，《粗暴养育与大学生网络攻击行为的关系：孝道信念的中介作用》，《中国健康心理学杂志》，第 28 卷第 3 期，第 447~452 页。

孔卫丰，2019，《线上同伴网络中心性与青少年欺凌行为的关系：道德推脱的调节作用》，硕士学位论文，山东师范大学。

雷雳、李征、谢笑春、舒畅，2015，《青少年线下攻击与网络欺负的关系：交叉滞后检验》，《苏州大学学报》（教育科学版），第 3 期，第 92~101 页。

李储洋，2015，《高职生父母教养方式、自尊与内隐攻击性的关系研究》，硕士学位论文，鲁东大学。

李丹，2017，《乐观人格倾向与攻击性的影响研究》，硕士学位论文，西北大学。

李东阳，2012，《暴力电子游戏的脱敏效应研究》，硕士学位论文，西南大学。

李冬梅、雷雳、邹泓，2008，《青少年网上偏差行为的特点与研究展望》，《中国临床心理学杂志》，第 16 卷第 1 期，第 95~97 页。

李洁红，2018，《大学本科生学习倦怠、道德推脱与学业欺骗现状调查与对策研究》，硕士学位论文，华南理工大学。

李琳烨，2019，《父母教养方式对农村寄宿制初中生攻击性行为的影响：越轨同伴交往和道德推脱的链式中介作用》，硕士学位论文，沈阳师范大学。

李沛沛，2019，《初中生同胞关系对亲社会行为的影响：共情、道德推脱的作用》，硕士学位论文，山西大学。

李彦儒、褚跃德，2018，《道德认同对大学生运动员攻击行为的影响：运动道德推脱的中介作用》，《北京体育大学学报》，第 41 卷第 10 期，第 88~93 页。

梁凤华，2019，《网络欺凌普遍性信念与合理性信念对中学生网络欺凌的影响：道德推脱的中介作用》，《心理研究》，第 12 卷第 3 期，第 278~285 页。

林佩佩，2016，《高中生良心与外显和内隐攻击性的关系研究》，硕士学位论文，湖南师范大学。

刘慧瀛、何季霖、胡悦、王婉、李恒涛，2017，《大学生网络欺负与心理症状、网络社会支持和心理弹性的关系》，《中国心理卫生杂志》，第 31 卷第 12 期，第 988~993 页。

刘美辰，2012，《中学生道德判断与攻击行为的关系：道德推脱的调节效应》，硕士学位论文，四川师范大学。

刘同，2015，《初中生父母教养方式、感觉寻求与内隐攻击性的关系研究》，硕士学位论文，河北师范大学。

刘文、刘红云、李红利，2015，《儿童青少年心理学前言》，浙江教育出版社。

刘衍玲、陈海英、滕召军、杨营凯，2016，《网络暴力游戏对不同现实暴力接触大学生内隐攻击性的影响》，《第三军医大学学报》，第 38 卷第 20 期，第 2248~2252 页。

刘奕林，2015，《成年犯攻击行为、道德推脱与共情的关系研究》，硕士学位论文，贵州师范大学。

刘裕、张媛、唐薇，2014，《媒介不良接触对青少年攻击行为的影响及其作用机制》，《中国特殊教育》，第 10 期，第 67~72 页。

刘元、周宗奎、张从丽、魏华、陈武，2011，《暴力视频游戏对不同年龄女性的内隐攻击性的短时效应》，《中国临床心理学杂志》，第 19 卷第 2 期，第 157~159 页。

刘源，1990，《现代汉语常用词词频词典》，中国宇航出版社。

刘志军、黎姿兰，2019，《青少年网络欺负中社会比较现象探究》，《当代教育理论与实践》，第 11 卷第 2 期，第 9~14 页。

卢俊铭，2018，《群体认同对初中生亲群体不道德行为的影响机制》，硕士学位论文，广州大学。

陆桂芝、金童林、葛俭、任秀华、张璐、张亚利、姜永志，2019，《暴力暴露对大学生网络攻击行为的影响：有调节的中介模型》，《心理发展与教育》，第 35 卷第 3 期，第 360~367 页。

倪丹、郑晓明，2018，《辱虐管理对道德推脱的影响：基于自我调节理论》，《科学学与科学技术管理》，第 39 卷第 7 期，第 144~159 页。

彭苏浩、陶丹、冷玥、邓慧华，2019，《社会排斥的心理行为特征及其脑机制》，《心理科学进展》，第 27 卷第 9 期，第 1656~1666 页。

施春华、王一茜、张静、王宝军，2017，《初中生自尊和网络攻击行为的关系：人际关系的中介作用》，《中国健康心理学杂志》，第 25 卷第 5 期，第 704~709 页。

宋快，2016，《暴力网络游戏接触对中学生传统/网络欺负的影响：认知移情和情感移情的作用》，硕士学位论文，华中师范大学。

宋明华、刘燊、朱转、祝阳君、韩尚锋、张林，2018，《相对剥夺感影响网络集群攻击行为：一个有调节的双路径模型》，《心理科学》，第 41 卷第 6 期，第 1436~1442 页。

宋颖，2018，《挫折情境对不同心理韧性留守初中生攻击性的影响》，硕士学位论文，河北师范大学。

孙丽君、杜红芹、牛更枫、李俊一、胡祥恩，2017，《心理虐待与忽视对青少年攻击行为的影响：道德推脱的中介与调节作用》，《心理发展与教育》，第 33 卷第 1 期，第 65~75 页。

孙晓军、童媛添、范翠英，2017，《现实及网络社会排斥与大学生抑郁的关系：自我控制的中介作用》，《心理与行为研究》，第 15 卷第 2 期，第 169~174 页。

孙颖、陈丽蓉，2017，《父母教养方式对个体利他行为的影响：道德推脱、道德认同的链式中介作用》，《教育理论与实践》，第 37 卷第 29 期，第 20~23 页。

汤雅军，2019，《辱虐领导对员工亲组织不道德行为影响》，硕士学位论文，南京大学。

田甜，2008，《暴力网络游戏对青少年攻击性的影响》，硕士学位论文，中国政法大学。

田媛，2009，《青少年内隐攻击性：网络暴力刺激的启动效应》，博士学位论文，华中师范大学。

田媛、周宗奎、丁倩，2011a，《网络暴力材料对青少年内隐攻击性的影响研究》，《教育研究与实验》，第 4 期，第 88~91 页。

田媛、周宗奎、谷传华、范翠英、魏华，2011b，《网络中暴力刺激对青少年内隐攻击性的影响》，《中国特殊教育》，第 7 期，第 75~81 页。

童媛添，2015，《网络社会排斥的一般特点及其与抑郁的相关研究》，硕士学位论文，华中师范大学。

汪玲，2017，《初中生现实暴力接触与问题行为的关系研究》，硕士学位论文，西南大学。

王辰、陈刚、刘跃宁、牛更枫、殷华敏，2020，《社会排斥对网络偏差行为的影响：自我控制的中介作用和道德同一性的调节作用》，《心理发展与教育》，第 36 卷第 2 期，第 208~215 页。

王济川、王小倩、姜宝法，2015，《结构方程模型：方法与应用》，高等教育出版社。

王建发、刘娟、王芳，2018，《线下受害者到线上欺负者的转化：道德推脱的中介作用及高自尊对此效应的加强》，《心理学探新》，第 38 卷第 5 期，第 469～474 页。

王磊、邢诗怡、徐月月、陈娟，2018，《班级环境对中学生暴力行为的影响：道德推脱的中介作用》，《教育研究与实验》，第 5 期，第 88～91 页。

王孟成，2014，《潜变量建模与 Mplus 应用：基础篇》，重庆大学出版社。

王孟成、毕向阳，2018，《潜变量建模与 Mplus 应用：进阶篇》，重庆大学出版社。

王瑞雪，2019，《青少年公正世界信念与网络欺凌行为：道德推脱的中介作用》，硕士学位论文，安徽师范大学。

王兴超、杨继平，2010，《中文版道德推脱问卷的信效度研究》，《中国临床心理学杂志》，第 18 卷第 2 期，第 177～179 页。

王兴超、杨继平，2013，《道德推脱与大学生亲社会行为：道德认同的调节效应》，《心理科学》，第 36 卷第 4 期，第 904～909 页。

王兴超、杨继平、刘丽、高玲、李霞，2012，《道德推脱对大学生攻击行为的影响：道德认同的调节作用》，《心理发展与教育》，第 28 卷第 5 期，第 532～538 页。

王兴超、杨继平、杨力，2014，《道德推脱与攻击行为关系的元分析》，《心理科学进展》，第 22 卷第 7 期，第 1092～1102 页。

王阳、温忠麟，2018，《基于两水平被试内设计的中介效应分析方法》，《心理科学》，第 41 卷第 5 期，第 1233～1239 页。

王莹，2017，《同伴道德推脱对青少年道德推脱的影响：交往不良同伴的调节作用》，硕士学位论文，山西大学。

王予宸，2018，《在线社交匿名性、自控能力和朋友在线支持对青少年在线攻击行为的影响》，硕士学位论文，山东师范大学。

王玉龙、李朝芳、吴佳蒂，2019，《日常中的暴力暴露与青少年网络欺负：

攻击信念的中介和性别的调节》，《中国临床心理学杂志》，第 27 卷第 5 期，第 909~912 页。

王玉龙、钟振，2015，《挫折情境对不同心理弹性个体内隐攻击性的启动》，《中国临床心理学杂志》，第 23 卷第 2 期，第 209~212 页。

王紫薇、涂平，2014，《社会排斥情境下自我关注变化的性别差异》，《心理学报》，第 46 卷第 11 期，第 1782~1792 页。

韦维，2018，《初中生共情与网络欺凌中旁观者行为的关系：道德推脱的中介作用》，硕士学位论文，陕西师范大学。

魏华、张丛丽、周宗奎、金琼、田媛，2010，《媒体暴力对大学生攻击性的长时效应和短时效应》，《心理发展与教育》，第 5 期，第 44~49 页。

温忠麟、叶宝娟，2014，《中介效应分析：方法和模型发展》，《心理科学进展》，第 22 卷第 5 期，第 731~745 页。

吴鹏、王杨春子、刘华山，2019，《初中生网络欺负的发展趋势：道德推脱、观点采择与共情关注的作用》，《心理科学》，第 42 卷第 5 期，第 1098~1105 页。

吴晓燕、祝阳君、方圣杰、张林，2012，《关于攻击行为研究的新进展》，《宁波教育学院学报》，第 14 卷第 1 期，第 56~59 页。

武玉玺、贾巧娜、孙百发、吴景霞、杜秀芳，2019，《道德推脱对合作行为的影响：内疚的中介作用及移情的调节作用》，《山东师范大学学报》（自然科学版），第 34 卷第 3 期，第 357~362 页。

夏锡梅、侯川美，2019，《情绪智力与中学生攻击行为的关系：道德推脱的中介作用》，《中国特殊教育》，第 2 期，第 91~96 页。

谢涵，2017，《道德推脱对网络欺负旁观者行为的影响：道德认同的调节作用》，硕士学位论文，湖北大学。

谢蒙蒙，2016，《宽恕对大学生内隐、外显攻击性的影响：神经质的中介作用》，硕士学位论文，广州大学。

谢望舒，2017，《大学生道德推脱与良心、父母教养方式的关系研究》，硕士学位论文，湖南师范大学。

辛自强，2002，《智能结构三层次理论述评》，《心理科学》，第 25 卷第 6

期，第 686~766 页。

许路，2015，《暴力视频游戏使用、道德推脱对初中生网络欺负行为的影响》，硕士学位论文，华中师范大学。

杨刚、宋建敏、纪谱华，2019，《员工创造力与越轨创新：心理特权和道德推脱视角》，《科技进步与对策》，第 36 卷第 7 期，第 115~122 页。

杨慧芳，2002，《攻击行为的社会信息加工模式研究述评》，《心理科学》，第 25 卷第 2 期，第 244~245 页。

杨继平、王兴超，2011，《父母冲突与初中生攻击行为：道德推脱的中介作用》，《心理发展与教育》，第 5 期，第 53~60 页。

杨继平、王兴超，2012，《道德推脱对青少年攻击行为的影响：有调节的中介效应》，《心理学报》，第 44 卷第 8 期，第 1075~1085 页。

杨继平、王兴超，2013，《青少年道德推脱与攻击行为：道德判断调节作用的性别差异》，《心理发展与教育》，第 29 卷第 4 期，第 361~367 页。

杨继平、王兴超、高玲，2015，《道德推脱对大学生网络偏差行为的影响：道德认同的调节作用》，《心理发展与教育》，第 31 卷第 3 期，第 57~64 页。

杨继平、王兴超、高玲，2010，《道德推脱的概念、测量及相关变量》，《心理科学进展》，第 18 卷第 4 期，第 671~678 页。

杨继平、王兴超、杨力，2014，《观点采择对大学生网络偏差行为的影响：道德推脱的中介作用》，《心理科学》，第 37 卷第 3 期，第 633~638 页。

杨继平、杨力、王兴超，2014，《移情、道德推脱对初中生网络过激行为的影响》，《山西大学学报》（哲学社会科学版），第 37 卷第 4 期，第 122~128 页。

杨洁强，2019，《初中生冷漠无情特质对攻击行为的影响：道德推脱、同伴关系的作用》，硕士学位论文，山西大学。

杨晓莉、魏丽，2017，《社会排斥总是消极的吗？影响排斥不同行为反应的因素》，《中国临床心理学杂志》，第 25 卷第 6 期，第 189~193 页。

杨晓莉、信同童、毛玉翠，2019，《社会排斥的研究范式述评及其对结果的影响》，《中国临床心理学杂志》，第 27 卷第 2 期，第 237~241 页。

杨秀正，2014，《高校体育教育专业大学生的内隐攻击性研究》，《浙江体育科学》，第36卷第3期，第94~97页。

杨治良、刘素珍、钟毅平、高桦、唐永明，1997，《内隐社会认知的初步实验研究》，《心理学报》，第29卷第1期，第17~21页。

叶宝娟、郑清、姚媛梅、赵磊，2016，《道德推脱对大学生网络欺负的影响：网络道德的中介作用与道德认同的调节作用》，《中国临床心理学杂志》，第24卷第6期，第146~149页。

叶茂林，2001，《材料性质与内隐攻击性启动效应的实验研究》，《心理科学》，第24卷第4期，第418~421页。

易杨萌，2018，《父亲在位对初中生道德推脱的影响：自尊和道德认同的作用》，硕士学位论文，湖南师范大学。

云祥、李小平、杨建伟，2009，《暴力犯内隐攻击性研究》，《心理学探新》，第29卷第2期，第63~66页。

翟成蹊、李岩梅、李纾，2010，《沟通与刻板印象的维持、变化和抑制》，《心理科学进展》，第18卷第3期，第487~495页。

占小军、陈颖、罗文豪、郭一蓉，2019，《同事助人行为如何降低职场不文明行为：道德推脱的中介作用和道德认同的调节作用》，《管理评论》，第31卷第4期，第119~129页。

张桂平、王茹，2016，《大学生社会排斥行为诱发因素的扎根研究》，《教育学术月刊》，第3期，第78~85页。

张萍、王志博，2019，《父母心理控制对体育类大学生网络攻击行为的影响：疏离感的中介作用》，《哈尔滨体育学院学报》，第37卷第4期，第6~11页。

张淑华、范洋洋，2018，《新生代农民工身份认同对内隐群际攻击性的影响：内隐集体自尊的调节作用》，《心理与行为研究》，第16卷第3期，第371~377页。

张雪晨、褚晓伟、范翠英，2019，《同伴侵害和网络欺负：一个有调节的中介模型》，《中国临床心理学杂志》，第27卷第1期，第148~152页。

张艳清、王晓晖、王海波，2016，《组织情境下的不道德行为现象：来自道德推脱理论的解释》,《心理科学进展》,第 24 卷第 7 期,第 1107~1117 页。

张野、张珊珊、崔璐,2015,《权力感对社会排斥下自我关注的影响》,《心理科学》,第 38 卷第 4 期,第 960~965 页。

张迎迎,2018,《青少年道德推脱的发展特点及其与攻击性和社会赞许性的关系》,硕士学位论文,上海师范大学。

张玉雪,2017,《初中生道德认同、道德推脱与亲社会行为的特点及关系研究》,硕士学位论文,安徽师范大学。

章淑慧、钟毅平、阳威,2012,《情景线索对运动员内隐攻击性的影响》,《中国临床心理学杂志》,第 20 卷第 5 期,第 639~641 页。

赵锋、高文斌,2012,《少年网络攻击行为评定量表的编制及信效度检验》,《中国心理卫生杂志》,第 26 卷第 6 期,第 439~444 页。

赵欢欢、克燕南、张和云、许燕、程琪,2016,《家庭功能对青少年道德推脱的影响:责任心与道德认同的作用》,《心理科学》,第 29 卷第 4 期,第 907~913 页。

赵亮、程科、曹丽,2016,《未成年在押人员的内隐攻击性研究》,《心理研究》,第 9 卷第 6 期,第 67~72 页。

郑清、叶宝娟、姚媛梅、陈佳雯、符皓皓、雷希、游雅媛,2017,《攻击行为规范信念对大学生网络欺负的影响:道德推脱与网络道德的中介作用》,《中国临床心理学杂志》,第 25 卷第 4 期,第 727~730 页。

郑清、叶宝娟、叶理丛、郭少阳、廖雅琼、刘明矾,2016,《道德推脱对大学生网络攻击的影响:道德认同的中介作用与性别的调节作用》,《中国临床心理学杂志》,第 24 卷第 4 期,第 714~716 页。

中国互联网络信息中心,2020,《第 46 次中国互联网络发展状况统计报告》,http://www.cnnic.net.cn/hlwfzyj/hlwxzbg/hlwtjbg/202009/t20200929_71257.htm,最后访问日期:2024 年 4 月 25 日。

周含芳、刘志军、樊毓美、李百涵,2019,《初中生亲子关系与网络欺负:孤独感的中介作用》,《心理与行为研究》,第 17 卷第 6 期,第 787~794 页。

周颖，2007，《内隐攻击性的影响因素及其机制研究》，博士学位论文，华东师范大学。

周颖，刘俊升，2009，《运用眼动指标探测个体的内隐攻击性》，《心理科学》，第 32 卷第 4 期，第 858~860 页。

朱婵媚、官火良、郑希付，2006，《未成年人内隐攻击性特征的实验研究》，《心理学探新》，第 26 卷第 2 期，第 49~51 页。

朱黎君、叶宝娟、倪林英，2020，《社会排斥对大学生网络偏差行为的影响：社交焦虑的中介作用与网络消极情绪体验的调节作用》，《中国特殊教育》，第 1 期，第 79~83 页。

朱晓伟、周宗奎、褚晓伟、雷玉菊、范翠英，2019，《从受欺负到网上欺负他人：有调节的中介模型》，《中国临床心理学杂志》，第 27 卷第 3 期，第 492~496 页。

邹延，2018，《父母心理控制、道德推脱与儿童网络偏差行为之间的关系研究》，硕士学位论文，华中师范大学。

Abrams, D., Weick, M., Thomas, D., Colbe, H., & Franklin, K. M. 2011. On-line ostracism affects children differently from adolescents and adults. *British Journal of Development Psychology* 29 (1): 110–123.

Aliyev, R., & Gengec, H. 2019. The effects of resilience and cyberbullying on self-esteem. *Journal of Education* 199 (3): 155–165.

Anderson, C. A., & Bushman, B. J. 2001. Effects of violent games on aggressive behavior, aggressive cognition, aggressive affect, physiological arousal, and prosocial behavior: A meta-analytic review of the scientific literature. *Psycho-logical Science* 12: 353–359.

Anderson, C. A., & Bushman, B. J. 2002. Human aggression. *Annual Review of Psychology* 53 (1): 27–51.

Anderson, C. A., & Dill, K. E. 1986. Affect of the game player: Short-term consequences of playing aggressive video games. *Personality and Social Psychology Bulletin* 12: 390–402.

Anderson, C. A., & Dill, K. E. 2000. Video games and aggressive thoughts, feelings, and behavior in the laboratory and in life. *Journal of Personality and Social Psychology* 78 (4): 772–790.

Angela, M., Takuya, Y., Simona, C. S. C., & Dagmar, S. 2018. Moral emotions and moral disengagement: Concurrent and longitudinal associations with aggressive behavior among early adolescents. *Journal of Early Adolescence* 39 (6): 839–863.

Antonia, L., Barry, H., Schneider., Fiorenzo, L., Roberto, B., Susanna, P., & Thomas, B. 2015. Is cyberbullying related to trait or state anger? *Child Psychiatry & Human Development* 46: 445–454.

Bagir, A., Emre, O., Cumurcu, H. B., & Ulutas, A. 2020. The relationship between social exclusion (ostracism) and internet addiction of adolescent girls. *Research in Pedagogy* 10 (1): 50–65.

Bai, Q. Y., Lin, W. P., & Wang, L. 2020. Family incivility and cyberbullying in adolescence: A moderated mediation model. *Computers in Human Behavior* 11: 1–8.

Bakioğlu, F., & Eraslan-Çapan, B. 2019. Moral disengagement and cyber bullying: A mediator role of emphatic tendency. *International Journal of Technoethics* 10 (2): 22–34.

Baldry, A. C., Sorrentino, A., & Farrington, D. P. 2019. Cyberbullying and cybervicti-mization versus parental supervision, monitoring and control of adolescents' online activities. *Children and Youth Services Review* 96: 302–307.

Bandura, A. 1986. *Social foundations of thought and action: A social cognitive theory*. Englewood Cliffs, NJ: PrenticeHall.

Bandura, A. 1990. Mechanisms of moral disengagement, In W. Reich (Ed.), *Origins of terrorism: psychologies, ideologies, states of mind*. New York: Cambridge University Press.

Bandura, A. 1999. Moral disengagement in the perpetuation of inhumanities. *Personality and Social Psychology Review* 3 (3): 193–209.

Bandura, A. 2002. Selective moral disengagement in the exercise of moral agency. *Journal of Moral Education* 31 (2): 101–119.

Bandura, A., Barbaranelli, C., Caprara, G. V., & Pastorelli, C. 1996a. Mechanisms of moral disengagement in the exercise of moral agency. *Journal of Personality and Social Psychology* 71(2): 364–374.

Bandura, A., Barbaranelli, C., Caprara, G. V., & Pastorelli, C. 1996b. Multifaceted impact of self-efficacy beliefs on academic functioning. *Child Development* 67 (3): 1206–1222.

Bardakci, S. 2018. An application of corresponding fields model for understanding exclusion in online social networks. *Journal of Computing in Higher Education* 30 (2): 386–405.

Barlett, C. P. 2015. Predicting adolescent's cyberbullying behavior: A longitudinal risk analysis. *Journal of Adolescence* 41: 86–95.

Barlett, C. P., Chamberlin, L., & Witkower, Z. 2017. Predicting cyberbullying perpe-tration in emerging adults: A theoretical test of the barlett gentile cyberbullying model. *Aggressive Behavior* 43: 147–154.

Barlett, C. P., & Coyne, S. M. 2014. A meta-analysis of sex differences in cyber-bullying behavior: The moderating role of age. *Aggressive Behavior* 40: 474–488.

Barlett, C. P., & Gentile, D. A. 2012. Attacking others online: The formation of cyberbullying in late adolescence. *Psychology of Popular Media Culture* 1: 123–135.

Barlett, C. P., Gentile, D. A., Anderson, C. A., Suzuki, K., Sakamoto, A., Kumazaki, A., & Katsura, R. 2014. Cross-cultural differences in cyberbullying behavior: A short-term longitudinal study. *Journal of Cross Cultural Psychology* 45: 300–313.

Barlett, C. P., Gentile, D. A., & Chew, C. 2016. Predicting cyberbullying from anonymity. *Psychology of Popular Media Culture* 5: 171–180.

Barlett, C. P., Gentile, D. A., Chng, G., Li, D. D., & Chamberlin, K. 2018.

Social media use and cyberbullying perpetration: A longitudinal analysis. *Violence and Gender* 5 (3): 191-197.

Barlinska, J., Szuster, A., & Winiewski, M. 2013. Cyberbullying among adolescent bystanders: Role of the communication medium, form of violence, and empathy. *Journal of Community & Applied Social Psychology* 23 (1): 37-51.

Baumann, E., Schmidt, A. F., Jelinek, L., Benecke, C., & Spitzer, C. 2020. Implicitly measured aggressiveness self-concepts in women with borderline personality disorder as assessed by an implicit association test. *Journal of Behavior Therapy & Experimental Psychiatry* 66: 1-7.

Baumeister, R. F., Brewer, L. E., Tice, D. M., & Twenge, J. M. 2007. Thwarting the need to belong: Understanding the interpersonal and inner effects of social exclusion. *Social and Personality Psychology Compass* 1: 506-520.

Baumeister, R. F., Dewall, C. N., Ciarocco, N. J., & Twenge, J. M. 2005. Social exclusion impairs self-regulation. *Journal of Personality and Social Psychology* 88 (4): 589-604.

Baumeister, R. F., Dewall, C. N., & Vohs, K. D. 2010. Social rejection, control, numbness, and emotion: How not to be fooled by gerber and wheeler. *Perspectives on Psychological Science* 4 (5): 489-493.

Baumeister, R. F., Twenge, J. M., & Nuss, C. K. 2002. Effects of social exclusion on cognitive processes: Anticipated aloneness reduces intelligent thought. *Journal of Personality and Social Psychology* 83: 817-827.

Bluemke, M., Crombach, A., Hecker, T., Schalinski, I., Elbert, T., & Weierstall, R. 2017. Is the implicit association test for aggressive attitudes a measure for attraction to violence or traumat-ization? *Zeitschrift Für Psychologie* 225 (1): 54-63.

Bluemke, M., Friedrich, M., & Zumbach, J. 2010. The influence of violent and nonviolent computer games on implicit measures of aggressiveness. *Aggressive Behavior* 36: 1-13.

Bushman, B. J., & Huesmann, L. R. 2006. Short-term and long-term effects of violent media on aggression in children and adults. *Archives of Pediatrics & Adolescent Medicine* 160 (4): 348−352.

Bussey, K., Luo, A., Fitzpatrick, S., & Allison, K. 2020. Defending victims of cyber-bullying: The role of self-efficacy and moral disengagement. *Journal of School Psychology* 78: 1−12.

Bussey, K., Quinn, C., & Dobson, J. 2015. The moderating role of empathic concern and perspective taking on the relationship between moral disengagement and aggression. *Merrill Palmer Quarterly* 61 (1): 10−29.

Camerini, A., Marciano, L., Carrara, A., & Schulz, P. J. 2020. Cyberbullying perpetration and victimization among children and adolescents: A systematic review of longitudinal studies. *Telematics and Informatics* 49: 1−13.

Carver, C. S., & Scheier, M. F. 1987. The blind men and the elephant: Selective examination of the public-private literature gives rise to a faulty perception. *Journal of Personality* 55 (3): 525−541.

Cenat, J. M., Blais, M., Lavoie, F., Caron, P., & Hebert, M. 2018. Cyberbullying victimization and substance use among Quebec high schools students: The mediating role of psychological distress. *Computers in Human Behavior* 89: 207−212.

Chang, Q. S., Xing, J. L., Ho, R. T. H., & Yip, P. S. F. 2019. Cyberbullying and suicide ideation among Hong Kong adolescents: The mitigating effects of life satisfaction with family, classmates and academic results. *Psychiatry Research* 274: 269−273.

Cheng, G. H., Zhao, Q. L., Dishion, T., & Deater-Deckard, K. 2018. The association between peer network centrality and aggression is moderated by moral disengagement. *Aggressive Behavior* 44: 571−580.

Chiou, W. B., Lee, C. C., & Liao, D. C. 2015. Facebook effects on social distress: priming with online social networking thoughts can alter the perceived distress due to social exclusion. *Computers in Human Behavior* 49: 230−236.

Chu, X., Fan, C., Liu, Q., & Zhou, Z. 2018. Stability and change of bullying roles in the traditional and virtual contexts: A three-wave longitudinal study in Chinese early adolescents. *Journal of Youth and Adolescence* 47 (11): 2384-2400.

Cole, D. A., & Maxwell, S. E. 2003. Testing mediational models with longitudinal data: Questions and tips in the use of structural equation modeling. *Journal of Abnormal Psychology* 112 (4): 558-577.

Conway, L., Gomez-Garibello, C., Talwar, V., & Shariff. 2016. Face-to-face and online: An investigation of children's and adolescents' bullying behavior through the lens of moral emotions and judgments. *Journal of School Violence* 15 (4): 503-522.

Covert, J. M., & Stefanone, M. A. 2020. Does rejection still hurt? Examining the effects of network attention and exposure to online social exclusion. *Social Science Computer Review* 38 (2): 170-186.

Crick, N. R., & Dodge, K. A. 1993. A review and reformulation of social information-processing mechanisms in children's social adjustment. *Psychological Bulletin* 115 (1): 74-101.

Cuadrado-Gordillo, I., & Fernández-Antelo, I. 2019. Analysis of moral disengagement as a modulating factor in adolescents' perception of cyberbullying. *Frontiers in Psychology* 10: 1-12.

Depaolis, K. J., & Williford, A. 2019. Pathways from cyberbullying victimization to negative health outcomes among elementary school students: A longitudinal investigation. *Journal of Child and Family Studies* 28 (9): 2390-2403.

Dewall, C. N., Twenge, J. M., Gitter, S. A., & Baumeister, R. F. 2009. It's the thought that counts: The role of hostile cognition in shaping aggressive responses to social exclusion. *Journal of Personality and Social Psychology* 96 (1): 45-59.

Dodge, K. A., & Crick, N. R. 1990. Social information-processing bases of aggressive behavior in children. *Personailty and Social Psychology Bulletin* 16 (1): 8-22.

Doramajian, C., & Bukowski, W. M. 2015. A longitudinal study of the associations between moral disengagement and active defending versus passive bystanding during bullying situations. *Merrill Palmer Quarterly* 61 (1): 144-172.

D'Urso, G., Petruccelli, I., & Pace, U. 2019. Attachment style, attachment to god, religiosity, and moral disengagement: A study on offenders. *Mental Health Religion & Culture* 22 (1): 1-11.

Egan, V., Hughes, N., & Palmer, E. J. 2015. Moral disengagement, the dark triad, and unethical consumer attitudes. *Personality & Individual Differences* 76: 123-128.

Eraslan-Çapan, B., & Bakioğlu, F. 2020. Submissive behavior and cyber bullying: A study on the mediator roles of cyber victimization and moral disengagement. *Psychologica Belgica* 60 (1): 18-32.

Erkutlu, H., & Chafra, J. 2019. Leader psychopathy and organizational deviance: The mediating role of psychological safety and the moderating role of moral disengagement. *International Journal of Workplace Health Management* 12 (4): 197-213.

Erreygers, S., Vandebosch, H., Vranjes, I., Baillien, E., & De Witte, H. 2019. The longitudinal association between poor sleep quality and cyberbullying, mediated by anger. *Health Commun-ication* 34 (5): 560-566.

Erzi, S. 2020. Dark triad and schadenfreude: Mediating role of moral disengagement and relational aggression. *Personality & Individual Differences* 157: 1-6.

Ettekal, I., Gary, W., & Ladd. 2020. Development of aggressive-victims from childhood through adolescence: Associations with emotion dysregulation, withdrawn behaviors, moral disengagement, peer rejection, and friendships. *Development and Psychopathology* 32 (1): 271-291.

Fan, C. Y., Chu, X. W., Zhang, M., & Zhou, Z. K. 2016. Are narcissists more likely to be involved in cyberbullying? Examining the mediating role of self-

esteem. Journal of Interpersonal Violence 34 (15): 3127-3150.

Fang, J., Wang, X. C., Yuan, K. H., & Wen, Z. L. 2020. Childhood psychological maltreatment and moral disengagement: A moderated mediation model of callous-unemotional traits and empathy. *Personality & Individual Differences* 157: 1-7.

Fanti, K. A., Demetriou, A., & Hawa, V. V. 2012. A longitudinal study of cyberbullying: Examining risk and protective factors. *European Journal of Developmental Psychology* 9 (2): 168-181.

Fenigstein, A., Scheier, M. F., & Buss, A. H. 1975. Public and private self-consciousness: Assessment and theory. *Journal of Consulting & Clinical Psychology* 43 (4): 522-527.

Fernando, R. G., Rubio-Garay, Carrasco, M. A., & Amor, P. J. 2016. Aggression, anger and hostility: Evaluation of moral disengagement as a mediational process. *Scandinavian Journal of Psychology* 57: 129-135.

Finkel, E. J. 2007. Impelling and inhibiting forces in the perpetration of intimate partner violence. *Review of General Psychology* 11 (2): 193-207.

Finkel, E. J. 2014. The I^3 Model: Metatheory, theory, and evidence. In J. M. Olson & M. P. Zanna (Eds.), *Advances in experimental social psychology*. San Diego: Academic Press.

Finkel, E. J., & Campbell, W. K. 2001. Self-control and accommodation in close relationships: An interdependence analysis. *Journal of Personality and Social Psychology* 81 (2): 263-277.

Finkel, E. J., DeWall, C. N., Slotter, E. B., McNulty, J. K., Pond, R. S., Jr., & Atkins, D. C. 2012. Using I^3 theory to clarify when dispositional aggressiveness predicts intimate partner violence perpetration. *Journal of Personality and Social Psychology* 102: 533-549.

Finkel, E. J., & Slotter, E. B. 2009. An I^3 Theory analysis of human sex differences in aggression. *Behavioral and Brain Sciences* 32 (3-4): 279.

Finkel, E. J., & Hall, A. N. (2018). The I3 model: A metatheoretical framework for understanding aggression. *Current Opinion in Psychology*, 19, 125–130.

Fontaine, R. G., Fida, R., Paciello, M., Tisak, M. S., & Caprara, G. V. 2014. The mediating role of moral disengagement in the developmental course from peer rejection in adolescence to crime in early adulthood. *Psychology Crime & Law* 20 (1): 1–19.

Gadelrab, H. F. 2018. An investigation of differential relationships of implicit and explicit aggression: Validation of an Arabic version of the conditional reasoning test for aggression. *Journal of Personality Assessment*: 1–12.

Gaëlle, O., De, B. C. J. S., & Heidi, V. 2018. Online celebrity aggression: A combination of low empathy and high moral disengagement? The relationship between empathy and moral disengagement and adolescents' online celebrity aggression. *Computers in Human Behavior* 89: 61–69.

Galić, Z., & Ružojčić, M. 2017. Interaction between implicit aggression and dispositional self-control in explaining counterproductive work behaviors. *Personality & Individual Differences* 104: 111–117.

Galić, Z., Ružojčić, M., Jerneić, Ž., & Tonković Grabovac, M. 2018. Disentangling the relationship between implicit aggressiveness and counterproductive work behaviors: The role of job attitudes. *Human Performance* 31 (2): 1–20.

Gámez-Guadix, M., Borrajo, E., & Almendros, C. 2016. Risky online behaviors among adolescents: Longitudinal relations among problematic internet use, cyberbullying perpetration, and meeting strangers online. *Journal of Behavioral Addictions* 5 (1): 100–107.

Gámez-Guadix, M., Orue, I., Smith, P., & Calvete, E. 2013. Longitudinal and reciprocal relations of cyberbullying with depression, substance use, and problematic Internet use among adolescents. *Journal of Adolescent Health* 53 (4): 446–452.

Georgiou, S. N., Charalambous, K., & Stavrinides, P. 2020. Mindfulness, impulsivity, and moral disengagement as parameters of bullying and victimization at school. *Aggressive Behavior* 46: 107-115.

Gini, G., Pozzoli, T., & Bussey, K. 2015a. Moral disengagement moderates the link between psychopathic traits and aggressive behavior among early adolescents. *Merrill Palmer Quarterly* 61 (1): 51-67.

Gini, G., Pozzoli, T., & Bussey, K. 2015b. The role of individual and collective moral disengagement in peer aggression and bystanding: A multilevel analysis. *Journal of Abnormal Child Psychology* 43 (3): 441-452.

Gini, G., Pozzoli, T., & Hymel, S. 2013. Moral disengagement among children and youth: A meta-analytic review of links to aggressive behavior. *Aggressive Behavior* 40: 56-68.

Giulio, D., Petruccelli, I., & Pace, U. 2018. Drug use as a risk factor of moral diseng-agement: A study on drug traffickers and offenders against other persons. *Psychiatry Psychology & Law* 25 (4): 1-8.

Giuseppina-Bartolo, M., Lisa-Palermiti, A., Servidio, R., Musso, P., & Costabile, A. 2019. Mediating processes in the relations of parental monitoring and school climate with cyberbullying: The role of moral disengagement. *Europe's Journal of Psychology* 15 (3): 568-594.

Goodacre, R., & Zadro, L. 2010. O-Cam: A new paradigm for investigating the effects of ostracism. *Behavior Research Methods* 42 (3): 768-774.

Grigg, D. W. 2010. Cyber aggression: Definition and concept of cyberbullying. *Journal of Psychologists and Counsellors in Schools* 20 (2): 143-156.

Hames, J. L., Rogers, M. L., Silva, C., Ribeiro, J. D., Teale, N. E., & Joiner, T. E. 2018. A social exclusion manipulation interacts with acquired capability for suicide to predict self-aggressive behaviors. *Archives of Suicide Research* 22 (1): 32-45.

Harris, D. J., & Reiter-Palmon, R. 2015. Fast and furious: The influence of implicit aggression, premeditation, and provoking situations on malevolent creativity. *Psychology of Aesthetics, Creativity, and the Arts* 9 (1): 54-64.

Hayes, R. A., Wesselmann, E. D., & Carr, C. T. 2018. When nobody "likes" you: Perceived ostracism through paralinguistic digital affordances within social media. *Social media and society* 4 (3): 1-12.

Heeren, A., Peschard, V., & Philippot, P. 2012. The causal role of attentional bias for threat cues in social anxiety: A test on a cyber-ostracism task. *Cognitive Therapy and Research* 36 (5): 512-521.

Heiman, T., & Olenik-Shemesh, D. 2016. Computer-based communication and cyberbullying involvement in the sample of Arab teenagers. *Education and Information Technologies* 21 (5): 1183-1196.

Hellfeldt, K., Lopezromero, L., & Andershed, H. 2020. Cyberbullying and psychological well-being in young adolescence: The potential protective mediation effects of social support from family, friends, and teachers. *International Journal of Environmental Research and Public Health* 17 (1): 1-16.

Hyde, L. W., Shaw, D. S., & Moilanen, K. L. 2010. Developmental precursors of moral disengagement and the role of moral disengagement in the development of antisocial behavior. *Journal of Abnormal Child Psychology* 38 (2): 197-209.

Ireland, J. L., & Birch, P. 2013. Emotionally abusive behavior in young couples: Exploring a role for implicit aggression. *Violence & Victims* 28 (4): 656-669.

Jiang, T. L, & Chen, Z. S. 2020. Relative deprivation: A mechanism for the ostracism-aggression link. *European Journal of Social Psychology* 50 (2): 347-359.

Jones, B., Woodman, J. P., Barlow, M., & Roberts, R. 2017. The darker side of personality: Narcissism predicts moral disengagement and antisocial behavior in sport. *Sport Psychologist* 31 (2): 109-116.

Kagan, K., Kokkinos, C. M., Zsolt, D., Király Orsolya, Griffiths, M. D., & Çolak, T. S. 2019. Problematic online behaviors among adolescents and emerging adults: Associations between cyberbullying perpetration, problematic social media use, and psychosocial factors. *International Journal* of Mental Health & Addiction 17: 891–908.

Karlen, C. E., & Daniels, J. R. 2011. Cyber-ostracism and social monitoring: Social anxiety's effects on reactions to exclusion and inclusion online. *Honors Projects* 147.

Kassner, M. P., Wesselmann, E. D., Law, A. T., & Williams, K. D. 2012. Virtually ostracized: Studying ostracism in immersive virtual environments. *Cyberpsychology, Behavior and Social Networking* 15 (8): 399–403.

Kiesler, J. S. 1984. Social psychological aspects of computer-mediated communication. *American Psychologist* 39: 1123–1134.

Killer, B., Bussey, K., Hawes, D., & Hunt, C. 2019. A meta analysis of the relationship between moral disengagement and bullying roles in youth. *Aggressive Behavior* 45: 450–462.

Kim, S. Y. 2012. Sample size requirements in single and multiphase growth mixture models: A monte carlo simulation study. *Structural Equation Modeling* 19 (3): 457–476.

Kircaburun, K., Jonason, P. K., & Griffiths, M. D. 2018. The dark tetrad traits and problematic social media use: The mediating role of cyberbullying and cyberstalking. *Personality and Individual Differences* 135: 264–269.

Kircaburun, K., Jonason, P. K., Griffiths, M. D., Aslanargun, E., & Billieux, J. 2019. Childhood emotional abuse and cyberbullying perpetration: The role of dark personality traits. *Journal of Interpersonal Violence*: 1–17.

Kopecky, K., & Szotkowski, R. 2017. Cyberbullying, cyber aggression and their impact on the victim the teacher. *Telematics and Informatics* 34 (2): 506–517.

Kowalski, R. M., Giumetti, G. W., Schroeder, A. N., & Lattanner, M. R. 2014. Bullying in the digital age: A critical review and meta-analysis of cyberbullying research among youth. *Psychological Bulletin* 140 (4): 1073–1137.

Kurek, A., Jose, P. E., & Stuart, J. 2019. 'I did it for the lulz': How the dark personality predicts online disinhibition and aggressive online behavior in *adolescence*. *Computers in Human Behavior* 98: 31–40.

Lapierre, K. R., & Dane, A. V. 2020. Cyberbullying, cyber aggression, and cyber victimization in relation to adolescents' dating and sexual behavior: An evolutionary perspective. *Aggressive Behavior* 46 (1): 49–59.

Lawrence, K. A., Chanen, A. M., & Allen, J. S. 2011. The effect of ostracism upon mood in youth with borderline personality disorder. *Journal of Personality Disorders* 25 (5): 702–714.

Lazuras, L., Brighi, A., Barkoukis, V., Guarini, A., Tsorbatzoudis, H., & Genta, M. L. 2019. Moral disengagement and risk prototypes in the context of adolescent cyberbullying: Findings from two countries. *Frontiers in Psychology* 10: 1–10.

Leung, A. N. M., Wong, N., & Farver, J. M. 2018. Cyberbullying in Hong Kong Chinese students: Life satisfaction, and the moderating role of friendship qualities on cyberbullying victimization and perpetration. *Personality and Individual Differences* 133: 7–12.

Li, J. B., Nie, Y. G., Boardley, I. D., Situ, Q. M., & Dou, K. 2014. Moral disengagement moderates the predicted effect of trait self-control on self-reported aggression. *Asian Journal of Social Psychology* 17 (4): 312–318.

Li, S., Zhao, F. Q., & Yu, G. L. 2020. Ostracism and pro-environmental behavior: Roles of self-control and materialism. *Children and Youth Services Review* 108: 1–7.

Liu, C., Zhang, X., Sun, F., Wang, L., & Zhao, X. 2014. *Effect of multiplayer interactive violent video games on players' explicit and implicit aggression. International Conference on Web-based Learning.* Berlin: Springer Berlin Heidelberg.

Lu, Y., Avellaneda, F., Torres, E. D., Rothman, E. F., & Temple, J. R. 2019. Adolescent cyber-bullying and weapon carrying: Cross-sectional and longitudinal associations. *Cyberpsychology, Behavior and Social Networking* 22 (3): 173–179.

Martínez-Monteagudo, M. C., Delgado, B., Cándido J. I., & Escortell, R. 2020. Cyberbullying and social anxiety: A latent class analysis among Spanish adolescents. *International Journal of Environmental Research & Public Health* 17 (2): 1–13.

Mazzone, A., Camodeca, M., & Salmivalli, C. 2016. Interactive effects of guilt and moral disengagement on bullying, defending and outsider behavior. *Journal of Moral Education* 45: 1–14.

McALister, A. L., Bandura, A., & Owen, S. V. 2006. Mechanism of moral disengagement in support of military force: The impact of Sept. 11. *Journal of Social and Clinical Psychology* 25 (2): 141–165.

Meter, D. J., & Bauman, S. 2016. Moral disengagement about cyberbullying and parental monitoring: Effects on traditional bullying and victimization via cyberbullying involvement. *Journal of Early Adolescence* 38 (3): 303–326.

Moore, C. 2015. Moral disengagement. *Current Opinion in Psychology* 6: 199–204.

Muñoz-Fernández, N., & Sánchez-Jiménezb, V. 2020. Cyber-aggression and psychological aggression in adolescent couples: A short-term longitudinal study on prevalence and common and differential predictors. *Computers in Human Behavior* 104: 1–9.

Muratori, P., Paciello, M., Buonanno, C., Milone, A., Ruglioni, L., Lochman, J. E., et al. 2017. Moral disengagement and callous-unemotional traits: A longitudinal study of Italian adolescents with a disruptive behaviour disorder. *Criminal Behaviour & Mental Health* 27: 514–524.

Nadia, S., & Ansary. 2020. Cyberbullying: Concepts, theories, and correlates informing evidence-based best practices for prevention. *Aggression and Violent Behavior* 50: 1–9.

Niu, G. F., Zhou, Z. K., Sun, X. J., Yu, F., Xie, X. C., Liu, Q. Q., & Lian, S. L. 2018. Cyber-ostracism and its relation to depression among Chinese adolescents: The moderating role of optimism. *Personality and Individual*

Differences 123: 105–109.

Ogunfowora, B., & Bourdage, J. S. 2014. Does honesty-humility influence evaluations of leadership emergence? The mediating role of moral disengagement. *Personality and Individual Differences* 56: 95–99.

Ojeda, M., Rey, R. D., & Hunter, S. C. 2019. Longitudinal relationships between sexting and involvement in both bullying and cyberbullying. *Journal of Adolescence* 77: 81–89.

Olweus, D. 2012. Cyberbullying: An overrated phenomenon? *European Journal of Developmental Psychology* 9: 520–538.

Orue, I., & Calvete, E. 2016. Psychopathic traits and moral disengagement interact to predict bullying and cyberbullying among adolescents. *Journal of Interpersonal Violence* 34 (11): 2313–2332.

Pabian, S., & Vandebosch, H. 2016. An investigation of short-term longitudinal associations between social anxiety and victimization and perpetration of traditional bullying and cyberbullying. *Journal of Youth and Adolescence* 45 (2): 328–339.

Poon, K. T., & Chen, Z. S. 2016. Assuring a sense of growth: A cognitive strategy to weaken the effect of cyber-ostracism on aggression. *Computers in Human Behavior* 57: 31–37.

Postmes., Tom., Spears., Russell., Lea., & Martin. 2002. Intergroup differentiation in computer-mediated communication: Effects of depersonalization. *Group Dynamics: Theory, Research, and Practice* 6 (1): 3–16.

Pyżalski., & Jacek. 2012. From cyberbullying to electronic aggression: Typology of the phenomenon. *Emotional & Behavioural Difficulties* 17 (3–4): 305–317.

Quintanaorts, C., & Rey, L. 2018. Forgiveness and cyberbullying in adolescence: Does willingness to forgive help minimize the risk of becoming a cyberbully? *Computers in Human Behavior* 81: 209–214.

Rattan, A., & Dweck, C. S. 2010. Who confronts prejudice? The role of implicit theories in the motivation to confront prejudice. *Psychological Science* 21 (7): 952-959.

Ren, D., Wesselmann, E., & Williams, K. D. 2018. Hurt people hurt people: Ostracism and aggression. *Current Opinion in Psychology* 19: 34-38.

Richetin, J., Richardson, D. S., & Mason, G. D. 2010. Predictive validity of IAT aggressiveness in the context of provocation. *Social Psychology* 41 (1): 27-34.

Riva, P., Montali, L., Wirth, J. H., Curioni, S., & Williams, K. D. 2016. Chronic social exclusion and evidence for the resignation stage: An empirical investigation. J*ournal of Social and Personal Relationships* 34 (4): 541-564.

Roberta, F., Carlo, T., Marinella, P., Chiara, G., Silvia, G., & Probst, T. M., et al. 2018. 'First, do no harm': The role of negative emotions and moral disengagement in understanding the relationship between workplace aggression and misbehavior. *Frontiers in Psychology* 671: 1-17.

Salazar, R., & Leslie. 2017. Cyberbullying victimization as a predictor of cyber-bullying perpetration, body image dissatisfaction, healthy eating and dieting behaviors, and life satisfaction. *Journal of Inter-personal Violence* 8: 1-27.

Samnani, A. K., Salamon, S. D., & Singh, P. 2014. Negative affect and counter-productive workplace behavior: The moderating role of moral disengagement and gender. *Journal of Business Ethics* 119 (2): 235-244.

Schneider, F. M., Zwillich, B., Bindl, M. J., Hopp, F. R., Reich, S., & Vorderer, P. 2017. Social media ostracism: The effects of being excluded online. *Computers in Human Behavior* 73: 385-393.

Seriki, O. K., Nath, P., Ingene, C. A., & Evans, K. R. 2018. How complexity impacts salesperson counterproductive behavior: The mediating role of moral disengagement. *Journal of Business Research* 107: 324-335.

Shen, Y. N., Sun, X. J., & Xin, T. 2019. How social support affects moral disengagement: The role of anger and hostility. *Social Behavior and Personality* 47 (3): 1-10.

Shim, H., & Shin, E. 2016. Peer-group pressure as a moderator of the relationship between attitude toward cyberbullying and cyberbullying behaviors on mobile instant messengers. *Telematics and Informatics* 33 (1): 17-24.

Shulman, E. P., Cauffman, E., Piquero, A. R., & Fagan, J. 2011. Moral disengagement among serious juvenile offenders: A longitudinal study of the relations between morally disengaged attitudes and offending. *Developmental Psychology* 47 (6): 1619-1632.

Sijtsema, J. J., Garofalo, C., Jansen, K., & Klimstra, T. A. 2019. Disengaging from evil: Longitudinal associations between the dark triad, moral disengagement, and antisocial behavior in adolescence. *Journal of Abnormal Child Psychology* 47: 1351-1365.

Slotter, E. B., & Finkel, E. J. 2011. I^3 theory: Instigating, impelling, and inhibiting factors in aggression. In M. Mikulincer & P. R. Shaver (Eds.), *Human aggression and violence: Causes, manifestations, and consequences.* Washington: American Psychological Association.

Smith, R., Morgan, J., & Monks, C. P. 2017. Students' perceptions of the effect of social media ostracism on wellbeing. *Computers in Human Behavior* 68: 276-285.

Song, M. H., Zhu, Z., Liu, S., Fan, H., Zhu, T. T., & Zhang, L. 2019. Effects of aggressive traits on cyberbullying: Mediated moderation or moderated mediation? *Computers in Human Behavior* 97: 167-178.

Starr, L. R., & Davila, J. 2008. Excessive reassurance seeking, depression, and interpersonal rejection: A meta-analytic review. *Journal of Abnormal Psychology* 117 (4): 762-775.

Svetieva, E., Zadro, L., Denson, T. F., Dale, E., Omoore, K., & Zheng, W. Y. 2016. Anger mediates the effect of ostracism on risk-taking. *Journal of Risk Research* 19 (5): 614-631.

Tahrir, S. N, F., & Royani-Damayanti, I. 2020. The role of critical thinking as a mediator variable in the effect of internal locus of control on moral *disengagement. International Journal of Instruction* 13 (1): 17-34.

Tamika, C., Zapolsk, B., Devin, E., Banks., Katherine, S. L., Lau., Matthew, C., & Aalsma. 2018. Perceived police injustice, moral disengagement, and aggression among juvenile offenders: Utilizing the general strain theory model. *Child Psychiatry & Human Development* 49: 290-297.

Tanrikulu, I., & Campbell, M. A. 2015. Correlates of traditional bullying and cyberbullying perpetration among Australian students. *Children and Youth Services Review* 55: 138-146.

Tanrikulu, I., & Erdurbaker, O. 2019. Motives behind cyberbullying perpetration: A test of uses and gratifications theory. *Journal of Interpersonal Violence* 1-26.

Taylor, L. A., Climie, E. A., & Yue, M. 2020. The role of parental stress and knowledge of condition on incidences of bullying and ostracism among children with ADHD. *Children's Health Care* 49 (1): 20-39.

Teng, Z. J., Bear, G. G., Yang, C. Y., Nie, Q., & Guo, C. 2020. Moral disengagement and bullying perpetation: A longitudinal study of the moderating effect of school climate. *American Psychological Association* 35 (1): 99-109.

Thornberg, R., Wänström, L., Pozzoli, T., & Hong, J. S. 2019. Moral disengagement and school bullying perpetration in middle childhood: A short-term longitudinal study in Sweden. *Journal of School Violence* 18 (4): 585-596.

Tian, L. L., Yan, Y. R., &, Huebner, S. 2018. The effects of cyberbullying and cyber-victimization on early adolescents' mental health: The differential mediating roles of perceived peer relationship stress. *Cyberpsychology Behavior and Social Networking* 21 (7): 1-8.

Traclet, A., Moret, O., Ohl, F., & Alain Clémence. 2014. Moral disengagement in the legitimation and realization of aggressive behavior in soccer and ice hockey. *Aggressive Behavior* 41 (2): 123-133.

Travlos, A. K., Tsorbatzoudis, H., Barkoukis, V., & Douma, I. 2018. The effect of moral disengagement on bullying: Testing the moderating role of personal and social factors. *Journal of Interpersonal Violence* 3: 1-20.

Turliuc, M. N., Măirean, C., & Bocazamfir, M. 2020. The relation between cyber-bullying and depressive symptoms in adolescence: The moderating role of emotion regulation strategies. *Computers in Human Behavior* 109: 1-10.

Twenge, J. M., Baumeister, R. F., DeWall, C. N., Ciarocco, N. J., & Bartels, J. M. 2007. Social exclusion decreases prosocial behavior. *Journal of Personality and Social Psychology* 92: 56-66.

Van Ouytsel, J., Lu, Y., Ponnet, K., Walrave, M., & Temple, J. 2019. Longitudinal associations between sexting, cyberbullying, and bullying among adolescents: Cross-lagged panel analysis. *Journal of Adolescence* 71: 36-41.

Vieira, M. A., Rønning, J. A., Mari, J. D. J., & Bordin, I. A. 2019. Does cyberbullying occur simultaneously with other types of violence exposure? *Brazilian Journal of Psychiatry* 41 (3): 234-237.

Visconti, K. J., Ladd, G. W., & Kochenderfer-Ladd, B. 2015. The role of moral disengagement in the associations between children's social goals and aggression. *Merrill Palmer Quarterly* 61 (1): 101-123.

Waldeck, D., Banerjee, M., Jenks, R. A., & Tyndall, I. 2020. Cognitive arousal mediates the relationship between perceived ostracism and sleep quality but it is not moderated by experiential avoidance. *Stress and Health* 36: 487-495.

Walther, J. B., & Bazarova, N. N. 2008. Validation and application of electronic propinquity theory to computer-mediated communication in groups. *Communication research* 35 (5): 622-645.

Walther, J. B., Deandrea, D. C., & Tong, S. T. 2010. Computer-mediated communication versus vocal communication and the attenuation of pre-interaction impressions. *Media Psychology* 13 (4): 364-386.

Walters, G. D. 2018. Callous-unemotional traits and moral disengagement as antecedents to the peer influence effect: Moderation or mediation? *Journal of*

Crime & Justice 41 (3): 259-275.

Wang, C. X., Ryoo, J. H., Swearer, S. M., Turner, R., & Goldberg, T. S. 2017a. Longitudinal relationships between bullying and moral disengagement among adolescents. *Journal of Youth & Adolescence* 46 (6): 1304-1317.

Wang, M. Z., Wu, X. J., & Chong, D. H. 2019a. Different mechanisms of moral disengagement as multiple mediators in the association between harsh parenting and adolescent aggression. *Personality and Individual Differences* 139: 24-27.

Wang, X. C., Lei, L., Liu, D. L., & Hu, H. H. 2016. Moderating effects of moral reasoning and gender on the relation between moral disengagement and cyberbullying in adolescents. *Personality and Individual Differences* 98: 244-249.

Wang, X. C., Lei, L., Yang, J. P., Gao, L., & Zhao, F. Q. 2017b. Moral disengagement as mediator and moderator of the relation between empathy and aggression among Chinese male juvenile delinquents. *Child Psychiatry and Human Development* 48 (2): 1-11.

Wang, X. C., Yang, J. P., Wang, P. P., & Lei, L. 2019b. Childhood maltreatment, moral disengagement, and adolescents' cyberbullying perpetration: Fathers' and mothers' moral disengagement as moderators. *Computers in Human Behavior* 95: 48-57.

Wang, X. C., Yang, L., Yang, J. P., Wang, P. C., & Lei, L. 2017c. Trait anger and cyber-bullying among young adults: A moderated mediation model of moral disengagement and moral identity. *Computers in Human Behavior* 73: 519-526.

Wang, X. C., Zhao, F. Q., Yang, J. P., & Lei, L. 2019c. School climate and adolescents' cyberbullying perpetration: A moderated mediation model of moral disengagement and friends' moral identity. *Journal of Interpersonal Violence* 7: 1-22.

Williams, K. D. 1997. Social ostracism. In R. Kowalski (Ed.), *Aversive interper-*

sonal behaviors. New York: Plenum Press.

Williams, K. D. 2007. Ostracism. *Annual Review of Psychology* 58 (1): 425-452.

Williams, K. D. 2009. Ostracism: A temporal need-threat model. In M. Zanna (Ed.), *Advances in experimental social psychology* . New York: Academic Press.

Williams, K. D., Cheung, C. K., & Choi, W. 2000. Cyber-ostracism: Effects of being ignored over the internet. *Journal of Personality & Social Psychology* 79 (5): 748.

Wolf, W., Levordashka, A., Ruff, J. R., Kraaijeveld, S., Lueckmann, J. M., & Williams, K. D. 2015. Ostracism online: A social media ostracism paradigm. *Behavior Research Methods* 47 (2): 361-373.

Wong-Loa, M., Lyndal, M. B., & Robert, A. G. 2011. Cyber bullying: Practices to face digital aggression. *Emotional and Behavioural Difficulties* 16 (3): 317-325.

Wong, R. Y. M., Cheung, C. M. K., & Xiao, B. 2017. Does gender matter in cyber-bullying perpetration? An empirical investigation. *Computers in Human Behavior* 79: 247-257.

Wright, M. F. 2017. Parental mediation, cyberbullying, and cyber-trolling: The role of gender. *Computers in Human Behavior* 71: 189-195.

Wright, M. F., Aoyama, I., Kamble, S. V., Li, Z., Soudi, S., Lei, L., & Shu, C. 2015a. Peer attachment and cyber aggression involvement among Chinese, Indian, and Japanese adolescents. *Societies* 5: 339-353.

Wright, M. F., Kamble, S. V., & Soudi, S. P. 2015b. Indian adolescents' cyber aggression involvement and cultural values: The moderation of peer attachment. *School Psychology International* 36 (4): 410-427.

Wright, M. F., & Li, Y. 2013. Normative beliefs about aggression and cyber aggression among young adults: A longitudinal investigation. *Aggressive Behavior* 39 (3): 161-170.

Wright, M. F., & Wachs, S. 2020. Does empathy and toxic online disinhibition moderate the longitudinal association between witnessing and perpetrating homophobic cyberbullying? *International Journal of Bullying Prevention* 1: 1–10.

Wright, M. F., Wachs, S., & Harper, B. D. 2018. The moderation of empathy in the longitudinal association between witnessing cyberbullying, depression, and anxiety. *Cyberpsychology: Journal of Psychosocial Research on Cyberspace* 12 (4): 1–15.

Xie, D. F., & Xie, Z. M. 2019. Adolescents' online anger and aggressive behavior: Moderating effect of seeking social support. *Social Behavior & Personality* 47 (6): 1–9.

Yang, X., Wang, Z., Chen, H., & Liu, D. 2018. Cyberbullying perpetration among Chinese adolescents: The role of interparental conflict, moral disengagement, and moral identity. *Children and Youth Services Review* 86: 256–263.

Yuan, G., & Liu, Z. 2019. Longitudinal cross-lagged analyses between cyberbullying perpetration, mindfulness and depression among Chinese high school students. *Journal of Health Psychology*: 1–19.

Zhang, K., & Zhang, D. J. 2015. Attentional bias on different emotional valence information: Among college students with different implicit aggression. *Canadian Social Science* 11 (8): 73–79.

Zhang, K., Zhang, D. J., & Qiang, J. 2015. Evaluative implicit aggression in college students: Effects of classroom interpersonal relationships. *Canadian Social Science* 11 (3): 172–179.

Zhang, Q., Tian, J. J., Li, Y., & Zhang, D. J. 2013. Does aggressive trait induce implicit aggression among college students? Priming effect of violent stimuli and aggressive words. *International Journal of Psychological Studies* 5 (3): 1–11.

Zhu, X. W., Chu, X. W., Zhang, Y. H., & Li, Z. H. 2018. Exposure to online game violence and cyber-bullying among Chinese adolescents: Normative beliefs about aggression as a mediator and trait aggressiveness as a moderator.

Journal of Aggression Maltreatment & Trauma 29 (2): 148-166.

Zumbach, J., Seitz, C., & Bluemke, M. 2015. Impact of violent video game realism on the self-concept of aggressiveness assessed with explicit and implicit measures. *Computers in Human Behavior* 53: 278-288.

Zych, I., Gómez-Ortiz, O., Fernández-Touceda, L., Nasaescu, E., & Llorent, V. J. 2019. Parental moral disengagement induction as a predictor of bullying and cyberbullying: Mediation by children's moral disengagement, moral emotions, and validation of a questionnaire. *Child Indicators Research* 2: 1-18.

后　记

多年来，我一直从事发展与教育心理学、网络心理学和心理健康教育方面的教学和研究工作。最初走上这条道路实属偶然，在漫长的学习过程中，也偶尔感到困难和乏味，但慢慢地，我开始探索自己喜欢的心理学研究方向，并体会到其中的乐趣。在不断地阅读文献和思考后，我尝试撰写本书。在著书的过程中，得到了恩师乌云特娜教授和七十三教授的鼎力支持。从2018年攻读博士学位开始，我与两位老师的接触日渐增多，并深受他们的精神濡染，他们的德行、情操和学养时刻都滋养着我。他们是我仰望的楷模，也是督促我们前进的动力。两位老师犹如黑夜的指明灯，时刻照亮我的人生方向。

本书的顺利面世得到了许多老师和朋友的支持。特别感谢哈尔滨师范大学的崔洪弟教授在无数个深夜为我解答复杂的统计问题，崔老师是我毕生仰望的学术楷模。感谢大连大学的王帅老师、扬州大学的蔡雪斌老师、闽江学院的廖友国老师、哈尔滨体育学院的张萍老师、内蒙古医科大学的成秀梅老师、信阳学院的张璐和吴春红老师以及兰州交通大学的王军老师在我做追踪研究过程中提供的无私帮助，有了他们的帮助，我的取样工作才能够顺利开展。感谢师兄刘振会、罗杰和袁方舟，与他们的反复探讨，使得本书日臻完善。

感谢内蒙古师范大学心理学院、内蒙古自治区高等学校人文社会科学重点研究基地心理健康教育研究与服务基地及心理教育研究中心的所有领导和老师们给予的帮助和支持！感谢我的研究生文月黎、张美仪、孟祥琦和代海云完成本书的校对工作。感谢社会科学文献出版社的老师在封面设计、文字校对、文稿润色以及出版安排等方面付出的辛勤劳动！

　　书稿虽已完成，但我深知，自己的水平和能力有限，书中尚有不足之处，真诚欢迎各位专家、同行和广大读者不吝指正。

金童林

2024 年 4 月

图书在版编目(CIP)数据

网络社会排斥对网络攻击的影响机制 / 金童林著.

北京:社会科学文献出版社,2025.1. -- ISBN 978-7-

5228-4454-1

Ⅰ. TP393.081

中国国家版本馆 CIP 数据核字第 2024F2Y318 号

网络社会排斥对网络攻击的影响机制

著　　者 / 金童林

出　版　人 / 冀祥德
责任编辑 / 孙海龙　孟宁宁
责任印制 / 王京美

出　　版 / 社会科学文献出版社·群学分社 (010) 59367002
　　　　　　地址:北京市北三环中路甲 29 号院华龙大厦　邮编:100029
　　　　　　网址:www.ssap.com.cn
发　　行 / 社会科学文献出版社 (010) 59367028
印　　装 / 三河市龙林印务有限公司

规　　格 / 开本:787mm×1092mm　1/16
　　　　　　印张:13.5　字数:204 千字
版　　次 / 2025 年 1 月第 1 版　2025 年 1 月第 1 次印刷
书　　号 / ISBN 978-7-5228-4454-1
定　　价 / 89.00 元

读者服务电话:4008918866